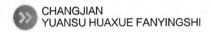

CHANGJIAN
YUANSU HUAXUE FANYINGSHI

》常见《

元素化学反应式

黄运显　　孙维贞　　王艺　编

化学工业出版社

·北京·

本书收集了 59 种常见元素的一千多个化学反应式，按主要元素进行分类，可供从事采矿、冶金、化工等行业从事化学分析的人员参考，也可供大专院校化学、化工类专业师生参考。

图书在版编目（CIP）数据

常见元素化学反应式/黄运显，孙维贞，王艺编．
北京：化学工业出版社，2015.10（2018.8重印）
ISBN 978-7-122-24965-4

Ⅰ.①常… Ⅱ.①黄…②孙…③王… Ⅲ.①化学
反应-反应式 Ⅳ.①O643.19-62

中国版本图书馆 CIP 数据核字（2015）第 196052 号

责任编辑：靳星瑞
责任校对：宋　玮　　　　　　　　装帧设计：王晓宇

出版发行：化学工业出版社（北京市东城区青年湖南街 13 号　邮政编码
　　　　　100011）
印　　装：北京虎彩文化传播有限公司
850mm×1168mm　1/32　印张 6　字数 162 千字
2018 年 8 月北京第 1 版第 3 次印刷

购书咨询：010-64518888　　　　　　售后服务：010-64518899
网　　址：http://www.cip.com.cn
凡购买本书，如有缺损质量问题，本社销售中心负责调换。

定　　价：32.00 元

前言 FOREWORD

　　地球上的万物都是由元素构成的。到目前为止，科学家总共发现了一百多种元素，其中常见的仅仅有几十种。正是这些元素通过千变万化的各种化学反应，组合成我们日常生活中见到的各种物质。

　　本书的几位作者曾长期从事化学分析工作，在工作中不可避免地要涉及许多化学反应。根据我们长期的实践与查阅相关资料，积累了59种常见元素的一千多个化学反应式，编成了这本小册子，目的是为了提供给在采矿、冶金、化工等行业从事化学分析的工作人员参考。

　　由于编者水平有限，本书中难免存在一些不足之处，敬请广大读者批评指正。

编　者

2015 年 11 月

目录 CONTENTS

（以元素符号首字母分类）

A

1. 金 Au

① 氯化金与羟胺溶液在冷的情况下能立即分解析出金：

$$4AuCl_3 + 6NH_2OH \Longrightarrow 4Au\downarrow + 3N_2O + 12HCl + 3H_2O$$

② 亚硫酸能将溴金酸钾溶液还原析出金：

$$2KAuBr_4 + H_2SO_3 \Longrightarrow 2Au\downarrow + 2HBr + K_2SO_3 + 3Br_2$$

③ 用硫酸处理偏金酸钾即有氧化金析出：

$$2KAuO_2 + H_2SO_4 \Longrightarrow K_2SO_4 + H_2O + Au_2O_3\downarrow$$

④ 氢氧化钾与氯金酸反应生成氧化金沉淀：

$$3KOH + 2HAuCl_4 \Longrightarrow Au_2O_3\downarrow + 3KCl + 5HCl$$

⑤ 金盐溶液与过硼酸钠作用生成金沉淀：

$$12NaBO_3 + 4AuCl_3 + 12H_2O \Longrightarrow 4Au\downarrow + 12NaCl + 12H_2BO_3 + 6O_2\uparrow$$

⑥ 金盐溶液与过氧化钠反应生成金沉淀析出：

$$3Na_2O_2 + 2AuCl_3 \Longrightarrow 2Au\downarrow + 6NaCl + 3O_2\uparrow$$

⑦ 金盐溶液与草酸的浓溶液作用生成金沉淀析出：

$$3H_2C_2O_4 + 2AuCl_3 \Longrightarrow 2Au\downarrow + 6HCl + 6CO_2\uparrow$$

⑧ 氯化金溶液与过氧化钙反应生成金：

$$2AuCl_3 + 3CaO_2 = 2Au\downarrow + 3CaCl_2 + 3O_2\uparrow$$

⑨ 有氧存在条件下金能溶解于氰化钾溶液中：

$$4Au + 8KCN + O_2 + 2H_2O = 4AuCN \cdot KCN + 4KOH$$

⑩ 氰亚金酸钾盐在氰化钾溶液中有锌屑即有金析出，锌可以取代金：

$$2KAu(CN)_2 + 4KCN + 2Zn + 2H_2O =$$

$$2Au\downarrow + 2K_2Zn(CN)_4 + 2KOH + H_2\uparrow$$

⑪ 过氧化氢的酸性溶液与金作用能溶解金：

$$2Au + H_2O_2 = Au_2O + H_2O$$

⑫ 氯化金的溶液与过氧化氢反应有金和氧生成：

$$2AuCl_3 + 3H_2O_2 = 2Au\downarrow + 3O_2\uparrow + 6HCl\uparrow$$

⑬ 金能溶解于王水、氯水、溴水中，反应式如下：

$$Au + HNO_3 + 3HCl = AuCl_3 + NO + 2H_2O$$

$$2Au + 3Cl_2 = 2AuCl_3$$

$$2Au + 3Br_2 = 2AuBr_3$$

⑭ 在金和铂的合金中，要知道金的含量多少，可用王水溶解。有氯化金形成，再用草酸使氯化金还原为金：

$$Au + 3HCl + HNO_3 = AuCl_3 + NO + 2H_2O$$

$$2AuCl_3 + 3H_2C_2O_4 = 2Au\downarrow + 6CO_2\uparrow + 6HCl$$

⑮ 金溶解在王水中可生成高价金：

$$Au + 4HCl + HNO_3 \Longrightarrow HAuCl_4 + 2H_2O + NO$$

王水中含有过量的盐酸，溶解不完全，则有中间产物生成：

$$4Au + 6HCl + 6HNO_3 \Longrightarrow 2Au_2O_2 + 6NOCl + 6H_2O + O_2$$

⑯ 有氧存在下金溶解于氰化钾溶液中，生成氰亚金酸钾：

$$4Au + 8KCN + 2H_2O + O_2 \Longrightarrow 4KAu(CN)_2 + 4KOH$$

有过氧化氢反应更良好：

$$H_2O_2 + 2Au + 4KCN \Longrightarrow 2KAu(CN)_2 + 2KOH$$

⑰ 金化合物在中性及弱酸性溶液中与氯化亚锡溶液反应有紫色金析出：

$$2H[AuCl_4] + 3SnCl_2 \Longrightarrow 2Au \downarrow + 3SnCl_4 + 2HCl$$

⑱ 金化合物与草酸溶液反应金被析出：

$$2H[AuCl_4] + 3H_2C_2O_4 \Longrightarrow 2Au \downarrow + 8HCl + 6CO_2 \uparrow$$

⑲ 碳酸钾和饱和的磷溶液与氯金酸作用有金析出：

$$5HAuCl_4 + 12K_2CO_3 + 3P \Longrightarrow$$

$$5Au \downarrow + 20KCl + 12CO_2 + 2KH_2PO_4 + K_2HPO_4$$

2. 银 Ag

大部分银都是从银化合物中取得的，仅有很少的银呈天然状态存在，主要的银矿是辉银矿（Ag_2S）及角银矿（$AgCl$）。

① 常温下银溶解于硝酸，不溶于稀盐酸及稀硫酸（溶于热的硫酸中），可溶于浓硫酸。利用银在浓硫酸中可溶解，用来从金和铂的合金中分离出银来。其反应式：

$$2Ag + 2H_2SO_4 \longrightarrow 2H_2O + SO_2 + Ag_2SO_4$$

② 用氰化钠溶液从粉碎的矿石中把银提取出来的反应式：

$$4Ag + 8NaCN + 2H_2O + O_2 \longrightarrow 4NaAg(CN)_2 + 4NaOH$$

$$Ag_2S + 4NaCN \longrightarrow 2NaAg(CN)_2 + Na_2S$$

③ 用金属锌与氰化钠银反应析出银的反应式：

$$2NaAg(CN)_2 + Zn \longrightarrow 2Ag + Na_2Zn(CN)_4$$

④ 银离子与硫氰酸盐滴定，其反应式：

$$Ag^+ + CNS^- \longrightarrow AgCNS\downarrow \quad （白色）$$

过量的硫氰酸盐与铁离子反应生成深红色的络盐的反应式：

$$6CNS^- + Fe^{3+} \longrightarrow [Fe(CNS)_6]^{3-}$$

⑤ 硝酸银与过硫酸铵反应生成过硫酸银的反应式：

$$2AgNO_3 + (NH_4)_2S_2O_8 \longrightarrow Ag_2S_2O_8 + 2NH_4NO_3$$

⑥ 过硫酸银与水反应生成过氧化银的反应式：

$$Ag_2S_2O_8 + 2H_2O \longrightarrow Ag_2O_2 + 2H_2SO_4$$

⑦ 过氧化银分解出氧的反应式：

$$2Ag_2O_2 \longrightarrow 2Ag_2O + O_2$$

氧化银与硝酸的反应式：

$$Ag_2O + 2HNO_3 \xlongequal{\quad} 2AgNO_3 + H_2O$$

⑧ 银盐溶液与氯离子反应生成白色氯化银沉淀：

$$AgNO_3 + NaCl \xlongequal{\quad} AgCl\downarrow + NaNO_3$$

氯化银很易溶解于氨溶液而形成银铵络离子的反应式：

$$AgCl + 2NH_3 \xlongequal{\quad} [Ag(NH_3)_2]^+ + Cl^-$$

⑨ 银铵络离子在氨性溶液中与氯化亚锡生成金属银沉淀出来：

$$2[Ag(NH_3)_2]^+ + Sn^{2+} \xlongequal{\quad} Sn^{4+} + 2Ag\downarrow + 4NH_3$$

⑩ 氯化银在氢氧化钾溶液中加入过氧化氢后有金属银沉淀出来：

$$2AgCl + H_2O_2 + 2KOH \xlongequal{\quad} 2Ag\downarrow + 2KCl + 2H_2O + O_2$$

氢氧化钾与氯化银反应生成氧化银黑色沉淀：

$$2AgCl + 2KOH \xlongequal{\quad} Ag_2O\downarrow + 2KCl + H_2O$$

氧化银黑色沉淀加热至300℃被完全分解为金属银和氧：

$$2Ag_2O \xlongequal{\quad} 4Ag\downarrow + O_2$$

⑪ 在碱性溶液中氯化银可被甲醛还原为金属银：

$$2AgCl + HCHO \xlongequal{\quad} 2Ag\downarrow + 2HCl + CO\uparrow$$

⑫ 氯化银在日光下与水反应时，有金属银析出来：

$$2AgCl + H_2O \xlongequal{\quad} 2HCl + 2Ag\downarrow + [O]$$

⑬ 银盐与硫代硫酸钠的水溶液能定量反应生成复盐，其反

应式：

$$2AgCl + 3Na_2S_2O_3 = (NaAgS_2O_3)_2 \cdot Na_2S_2O_3 + 2NaCl$$

$$2AgBr + 3Na_2S_2O_3 = (NaAgS_2O_3)_2 \cdot Na_2S_2O_3 + 2NaBr$$

$$2AgI + 3Na_2S_2O_3 = (NaAgS_2O_3)_2 \cdot Na_2S_2O_3 + 2NaI$$

⑭ 银盐溶液与硫代硫酸根离子反应生成白色絮状的硫代硫酸银沉淀：

$$2Ag^+ + S_2O_3^{2-} = Ag_2S_2O_3 \downarrow$$

此沉淀不稳定，可水解成白色至黄色至棕色最后为黑色硫化银：

$$Ag_2S_2O_3 + H_2O = Ag_2S + H_2SO_4$$

硫代硫酸银溶解于过量的硫代硫酸钠中形成络离子：

$$Ag_2S_2O_3 + 2S_2O_3^{2-} = [Ag_2(S_2O_3)_3]^{4-}$$

在此溶液中加少量的酸有硫化银沉淀出来：

$$[Ag_2(S_2O_3)_3]^{4-} + 2H^+ = Ag_2S \downarrow + 2S + H_2O + SO_4^{2-} + 2SO_2$$

⑮ 银盐与碳酸钠溶液生成白色碳酸银沉淀，煮沸时分解成氧化银，变为黄色：

$$2Ag^+ + CO_3^{2-} = Ag_2CO_3 \downarrow$$

$$Ag_2CO_3 \xrightarrow{\triangle} Ag_2O + CO_2$$

⑯ 氯化银溶解于氰化钾水溶液中生成氰化钾银，过量的氯化银与氰化钾银反应形成氰化银：

$$2KCN + AgCl = KAg(CN)_2 + KCl$$

$$KAg(CN)_2 + AgCl \Longrightarrow 2AgCN\downarrow + KCl$$

⑰ 硝酸银溶液与铜反应生成金属银析出：

$$2AgNO_3 + Cu \Longrightarrow 2Ag\downarrow + Cu(NO_3)_2$$

⑱ 银蓄电池中，氢氧化钾溶液为电解质，其反应式：

$$Ag_2O_2 + 2Cu \Longleftrightarrow Ag_2O + Cu_2O$$

（供给 0.93 伏）

$$Ag_2O + 2Cu \Longleftrightarrow 2Ag + Cu_2O$$

（供给 0.65～0.7 伏）

⑲ 氯化银与碳酸钾共加热反应生成碳酸银再分解为氧化银，而氧化银又分解为银，其反应式：

$$K_2CO_3 + 2AgCl \Longrightarrow Ag_2CO_3 + 2KCl$$

$$Ag_2CO_3 \Longrightarrow Ag_2O + CO_2$$

$$2Ag_2O \Longrightarrow 4Ag\downarrow + O_2$$

⑳ 硝酸银溶液在氧化锌存在时，作为光解作用的感光媒：

$$4AgNO_3 + 2ZnO \xrightarrow{\text{光}} 4Ag\downarrow + 2Zn(NO_3)_2 + O_2\uparrow$$

㉑ 以硫氰酸盐滴定银离子的反应式：

$$Ag^+ + CNS^- \Longrightarrow AgCNS\downarrow$$

（白色）

㉒ 硝酸银与过硫酸铵反应生成过硫酸银的反应式：

$$2AgNO_3 + (NH_4)_2S_2O_8 \Longrightarrow Ag_2S_2O_8 + 2NH_4NO_3$$

过硫酸银与 H_2O 作用生成过氧化银反应式：

$$Ag_2S_2O_8 + 2H_2O = Ag_2O_2 + 2H_2SO_4$$

㉓**氧化银与氢氧化铵生成银铵络合物：**

$$Ag_2O + 4NH_4OH = 2Ag(NH_3)_2OH + 3H_2O$$

氯化银与铵生成络合物：

$$AgCl + 2NH_3 = [Ag(NH_3)_2]^+ + Cl^-$$

3. 铝　Al

铝是自然界中最常见的金属，最主要的铝矿是刚玉（Al_2O_3）、冰晶石（$AlF_3 \cdot 3NaF$）和矾土（$Al_2O_3 \cdot 3H_2O$）。

① **铝在酸中溶解的反应式：**

$$2Al + 6HCl = 2AlCl_3 + 3H_2 \uparrow$$

$$2Al + 4H_2SO_4 = Al_2(SO_4)_3 + SO_2 + 2H_2O + 2H_2 \uparrow$$

冷硝酸不但不能溶解铝，而且还能使铝钝化，在金属表面生成一层薄而致密的氧化物使铝不再与酸反应。

② **铝在碱中溶解的反应式：**

$$2Al + 2NaOH + 2H_2O = 2NaAlO_2 + 3H_2 \uparrow$$

③ **三氯化铝与碱溶液反应生成 Al（OH）₃， 而碱过量就会生成铝酸钠， 其反应式：**

$$AlCl_3 + 3NaOH = 3NaCl + Al(OH)_3$$

$$Al(OH)_3 + NaOH = NaAlO_2 + 2H_2O$$

④ 茜素在氨性溶液中与铝盐溶液生成红色沉淀色料，其反应式：

$$Al(OH)_3 + 3C_{14}H_6O_2(OH)_2 \Longrightarrow Al(C_{14}H_7O_4)_3 \downarrow + 3H_2O$$

⑤ 铝盐的酸溶液与 8-羟基喹啉生成羟基喹啉铝沉淀，其反应式：

$$Al^{3+} + 3C_9H_6NOH \Longrightarrow Al(C_9H_6NO)_3 \downarrow + 3H^+$$

⑥ 三氧化二铝与硝酸的反应式：

$$Al_2O_3 + 6HNO_3 \Longrightarrow 2Al(NO_3)_3 + 3H_2O$$

硝酸与硅酸钾铝反应式：

$$Al_2(SiO_3)_3 \cdot K_2SiO_3 + 8HNO_3 \Longrightarrow$$
$$2Al(NO_3)_3 + 2KNO_3 + 4SiO_2 + 4H_2O$$

⑦ 当铝溶解于浓的 NaOH 溶液中生成铝酸钠，其反应式：

$$2Al + 6NaOH \Longrightarrow 2Na_3AlO_3 + 3H_2 \uparrow$$

⑧ 铝土矿与硫酸煮解时的反应式：

$$Al_2O_3 \cdot 3H_2O + 3H_2SO_4 \Longrightarrow Al_2(SO_4)_3 + 6H_2O$$

铝土矿与氢氧化钠煮解时的反应式：

$$Al_2O_3 \cdot 3H_2O + 2NaOH \Longrightarrow 2NaAlO_2 + 4H_2O$$

⑨ 当氢氧化钠溶液以逐渐增加的方式加至三氯化铝中，有碱式铝酸盐和铝酸盐生成，其反应式：

$$AlCl_3 + 3NaOH \Longrightarrow Al(OH)_3 + 3NaCl$$

$$4Al(OH)_3 + 6NaOH = 2[Na_3AlO_3 \cdot Al(OH)_3] + 6H_2O$$

$$Na_3AlO_3 \cdot Al(OH)_3 + 3NaOH = 2Na_3AlO_3 + 3H_2O$$

⑩ 1mol 硫酸铝与 6mol 酒石酸的混合溶液被 18mol 的氢氧化钠中和时将有络合物生成，其反应式：

$$Al_2(SO_4)_3 + 6C_4O_6H_6 + 18NaOH =$$
$$2Na_6Al(C_4O_6H_3)_3 + 3Na_2SO_4 + 18H_2O$$

⑪ 酒石酸钠的碱性溶液与金属铝反应而生成络合物，其反应式：

$$2Al + 2NaOH + 2H_2O = 2NaAlO_2 + 3H_2 \uparrow$$

$$NaAlO_2 + 3Na_2C_4O_6H_4 + 2H_2O = Na_3[Al(C_4O_6H_4)_3] + 4NaOH$$

⑫ 三氧化二铝与氢氧化钾和氢氟酸反应时生成六氟铝酸钾，是胶状沉淀，干燥后可研细为白色粉末，其反应式：

$$Al_2O_3 + 6KOH + 12HF = 2K_3AlF_6 \downarrow + 9H_2O$$

三氧化二铝与氢氧化钾和氟硅酸反应时生成六氟铝酸钾，其反应式：

$$Al_2O_3 + 6KOH + 2H_2SiF_6 = 2K_3AlF_6 \downarrow + 2SiO_2 + 5H_2O$$

⑬ 碳酸钠和四氟氧铝的混合物，在电解时有铝和冰晶石形成，其反应式：

$$3Al_2OF_4 + 3Na_2CO_3 + 3C = 2Na_3AlF_6 + 6CO_2 + 4Al$$

氟化铝与碳酸钠混合物在电解时有铝及氟化钠形成，其反应式：

$$4AlF_3 + 6Na_2CO_3 + 3C = 4Al + 6Na_2F_2 + 9CO_2 \uparrow$$

⑭ 高岭土与过量的碳酸钾共熔融时的反应式：

$$H_2Al_2Si_2O_8 + K_2CO_3 = K_2Al_2Si_2O_8 + H_2O + CO_2$$

⑮ 氯化铝与磷酸氢二铵溶液反应沉淀成磷酸铝，反应式：

$$AlCl_3 + (NH_4)_2HPO_4 = AlPO_4 \downarrow + 2NH_4Cl + HCl$$

4. 砷 As

① 砷溶解于稀硝酸中形成亚砷酸：

$$As_4 + 4HNO_3 + 4H_2O = 4H_3AsO_3 + 4NO$$

砷溶解于浓硝酸中形成砷酸：

$$3As_4 + 20HNO_3 + 8H_2O = 12H_3AsO_4 + 20NO$$

② 砷与稀硫酸不起反应而与热的浓硫酸反应生成亚砷酸酐（三氧化二砷）：

$$As_4 + 6H_2SO_4 = 2As_2O_3 + 6SO_2 + 6H_2O$$

三氧化二砷与盐酸反应生成三氯化砷：

$$As_2O_3 + 6HCl = 2AsCl_3 + 3H_2O$$

三氧化二砷与硝酸反应生成砷酸：

$$3As_2O_3 + 4HNO_3 + 7H_2O = 6H_3AsO_4 + 4NO$$

③ 砷化三氢与氯化汞反应生成黄色沉淀：

$$AsH_3 + 2HgCl_2 = AsHHg_2Cl_2 \downarrow + 2HCl$$

$$2AsH_3 + 3HgCl_2 = As_2Hg_3 \downarrow + 6HCl$$

④ 三氧化二砷与碳酸钠溶液反应生成亚砷酸钠的反应式：

$$As_2O_3 + 3Na_2CO_3 =\!=\!= 2Na_3AsO_3 + 3CO_2$$

As_2O_3 与碳酸氢钠的反应式：

$$As_2O_3 + 6NaHCO_3 =\!=\!= 2Na_3AsO_3 + 3H_2O + 6CO_2$$

⑤ 砷酸酐（ As_2O_5 ） 与水形成砷酸：

$$As_2O_5 + 3H_2O =\!=\!= 2H_3AsO_4$$

⑥ 用次磷酸还原五氧化二砷的反应式：

$$2As_2O_5 + 5H_3PO_2 =\!=\!= 4As + 5H_3PO_4$$

砷与碘反应生成五氧化二砷：

$$2As + 5I_2 + 5H_2O =\!=\!= As_2O_5 + 10HI$$

⑦ 亚砷酸酐与氢氧化钠反应式：

$$As_2O_3 + 6NaOH =\!=\!= 2Na_3AsO_3 + 3H_2O$$

亚砷酸钠与碘的反应式：

$$Na_3AsO_3 + I_2 + H_2O =\!=\!= Na_3AsO_4 + 2HI$$

⑧ 三氯化砷溶液与碘酸钾溶液反应式：

$$2AsCl_3 + KIO_3 + 5H_2O =\!=\!= 2H_3AsO_4 + KCl + ICl + 4HCl$$

⑨ 三氧化二砷与过氧化氢反应式：

$$As_2O_3 + 2H_2O_2 =\!=\!= As_2O_5 + 2H_2O$$

⑩ 砷与碘标准溶液的反应式：

$$2As+5I_2+14NaHCO_3 =\!=\!=$$
$$2Na_2HAsO_4+10NaI+14CO_2+6H_2O$$

⑪ **三氯化砷用高锰酸钾标准溶液滴定的反应式：**

$$2KMnO_4+10HCl+3AsCl_3 =\!=\!=$$
$$2MnCl_2+2KCl+3AsOCl_3+2Cl_2+5H_2O$$

⑫ **三氧化二砷用高锰酸钾在中性或酸性溶液中氧化的反应式：**

$$3As_2O_3+4KMnO_4+2H_2O =\!=\!= 3As_2O_5+4KOH+4MnO_2$$
$$5As_2O_3+4KMnO_4+6H_2SO_4 =\!=\!=$$
$$5As_2O_5+2K_2SO_4+4MnSO_4+6H_2O$$

⑬ **重铬酸钾与砷的反应式：**

$$6As+5K_2Cr_2O_7+20H_2SO_4 =\!=\!=$$
$$5K_2SO_4+20H_2O+5Cr_2(SO_4)_3+3As_2O_5$$

⑭ **重铬酸钾氧化三氧化二砷的反应式：**
$$3As_2O_3+2K_2Cr_2O_7+4HCl =\!=\!=$$
$$3As_2O_5+4KCl+2Cr_2O_3+2H_2O$$

⑮ **砷化物在酸性溶液中与锌反应还原成为砷化氢，其反应式：**

$$As^{3+}+3Zn+3H^+ =\!=\!= 3Zn^{2+}+AsH_3$$

$$AsO_3^{3-}+3Zn+9H^+ =\!=\!= 3Zn^{2+}+3H_2O+AsH_3$$

$$AsO_4^{3-}+4Zn+11H^+ =\!=\!= 4Zn^{2+}+4H_2O+AsH_3$$

砷化氢很不稳定，受热易分解为 As：

$$4AsH_3 \xrightarrow{\triangle} 4As + 6H_2$$

⑯ 砷化氢与硝酸银反应生成黄色的化合物：

$$AsH_3 + 6AgNO_3 = Ag_3As \cdot 3AgNO_3 + 3HNO_3$$

在黄色化合物中加一滴水生成黑色的金属银：

$$Ag_3As \cdot 3AgNO_3 + 3H_2O = H_3AsO_3 + 3HNO_3 + 6Ag$$

⑰ 五氧化二砷在盐酸溶液中与碘酸反应还原为三氧化二砷，同时生成碘，用硫代硫酸钠标准溶液滴定，其反应式：

$$As_2O_5 + 4HI = As_2O_3 + 2H_2O + 2I_2$$

$$3I_2 + 6Na_2S_2O_3 = 6NaI + 3Na_2S_4O_6$$

B

5. 硼 B

① 硼酸盐的水解反应式：

$$Na_2B_4O_7 + 3H_2O \rightleftharpoons 2NaBO_2 + 2H_3BO_3$$

$$NaBO_2 + 2H_2O \rightleftharpoons NaOH + H_3BO_3$$

② 用硼砂来标定酸的反应式：

$$Na_2B_4O_7 + 5H_2O + 2HCl == 4H_3BO_3 + 2NaCl$$

③ 用氢氧化钠溶液滴定偏硼酸钠和酒石酸溶液的反应式：

$$NaBO_2 + 2C_4O_6H_6 + 2NaOH ==$$

$$NaBC_4O_6H_2 \cdot Na_2C_4O_6H_4 + 4H_2O$$

偏硼酸钠与酒石酸氢钠反应式：

$$NaBO_2 + 2NaC_4O_6H_5 == Na_2C_4O_6H_4 \cdot NaC_4O_6H_5 \cdot HBO_2$$

氧化硼与碳酸钠加热时的反应式：

$$2B_2O_3 + Na_2CO_3 == Na_2B_4O_7 + CO_2$$

④ 硼酸与高碘酸钾及碘化钾反应式：

$$2KI + KIO_4 + 4H_3BO_3 == KIO_3 + I_2 + K_2B_4O_7 + 6H_2O$$

⑤ 用硫酸溶液来滴定硼砂的反应式:

$$Na_2B_4O_7 + H_2SO_4 \Longrightarrow Na_2SO_4 + 2B_2O_3 + H_2O$$

⑥ 常用 3% 的硼砂溶液与稀的氰氢酸反应后再用硝酸银或碘滴定, 其反应式:

$$2HCN + Na_2B_4O_7 \Longrightarrow H_2B_4O_7 + 2NaCN$$

$$2NaCN + AgNO_3 \Longrightarrow AgCN \cdot NaCN + NaNO_3$$

$$AgCN \cdot NaCN + AgNO_3 \Longrightarrow 2AgCN + NaNO_3$$

$$2HCN + 2I_2 \Longrightarrow 2ICN + 2HI$$

$$2HI + Na_2B_4O_7 \Longrightarrow H_2B_4O_7 + 2NaI$$

6. 铍　Be

① 金属铍能溶解于 NaOH 溶液中放出氢气, 反应生成铍酸钠:

$$Be + 2NaOH \Longrightarrow Na_2BeO_2 + H_2 \uparrow$$

② 碳酸氢钾与硝酸铍溶液反应生成碳酸铍:

$$Be(NO_3)_2 + KHCO_3 \Longrightarrow BeCO_3 \downarrow + KNO_3 + HNO_3$$

碳酸铍与水反应水解成氢氧化铍:

$$BeCO_3 + H_2O \Longrightarrow Be(OH)_2 + CO_2$$

③ 氢氧化铍溶解于氢氧化钠溶液反应生成铍酸钠:

$$Be(OH)_2 + 2NaOH \Longrightarrow Na_2BeO_2 + 2H_2O$$

④ 草酸溶液与 Be（OH）₂加热反应生成草酸铍的水合物：

$$Be(OH)_2 + H_2C_2O_4 + H_2O \xrightarrow{\triangle} BeC_2O_4 \cdot 3H_2O \downarrow$$

⑤ Be（OH）₂溶解于稀 H_2SO_4 反应生成$BeSO_4 \cdot 4H_2O$：

$$Be(OH)_2 + H_2SO_4 + 2H_2O == BeSO_4 \cdot 4H_2O$$

⑥ 盐酸溶解氧化铍反应生成氯化铍并放热出来：

$$BeO + 2HCl == BeCl_2 + H_2O$$

⑦ 盐酸溶解磷酸氢铍反应生成氯化铍：

$$BeHPO_4 + 2HCl == BeCl_2 + H_3PO_4$$

⑧ 氯化铍在水中水解生成 Be（OH）₂：

$$BeCl_2 + 2H_2O == Be(OH)_2 \downarrow + 2HCl$$

⑨ 铍与碘、溴反应生成碘化铍、溴化铍：

$$Be + I_2 == BeI_2$$

$$Be + Br_2 == BeBr_2$$

7. 铋　Bi

① 硝酸铋溶液中加入硫代硫酸钠生成三硫化二铋析出：

$$2Bi(NO_3)_3 + 3Na_2S_2O_3 + 3H_2O == Bi_2S_3 \downarrow + 6NaNO_3 + 3H_2SO_4$$

② 硝酸铋的甘露糖醇溶液中加入碳酸钾有碳酸氧铋析出：

$$2Bi(NO_3)_3 + K_2CO_3 =\!\!=\!\!= (BiO)_2CO_3 \downarrow + 2KNO_3 + 4NO_2 + O_2$$

③ 硝酸铋与碘化钾作用时形成黑色沉淀：

$$Bi(NO_3)_3 + 3KI =\!\!=\!\!= BiI_3 \downarrow + 3KNO_3$$

④ 一氧化铋溶解于盐酸可生成三氯化铋和金属铋：

$$3BiO + 6HCl =\!\!=\!\!= 2BiCl_3 + Bi + 3H_2O$$

⑤ 三氧化二铋与稀盐酸作用生成氯氧化铋：

$$Bi_2O_3 + 2HCl =\!\!=\!\!= 2BiOCl + H_2O$$

⑥ 铋盐与金属锌反应将有金属铋析出：

$$2Bi^{3+} + 3Zn =\!\!=\!\!= 3Zn^{2+} + 2Bi$$

⑦ 过量的重铬酸钾与铋盐溶液反应生成黄色重铬酸氧铋沉淀：

$$Cr_2O_7^{2-} + 2Bi^{3+} + 2H_2O =\!\!=\!\!= 4H^+ + (BiO)_2Cr_2O_7 \downarrow$$

⑧ 在微酸性溶液中辛可宁和 I^- 离子的混合物在铋盐中生成碘化铋和碘化辛可化合物的橙色沉淀。

$$BiI_3 + RHI =\!\!=\!\!= BiI_3 + RHI \downarrow \quad （橙色）$$

[$R + HI \longrightarrow RHI$，"R"代替辛可宁其反应生成碘化辛可宁（RHI），可作为测定铋的很灵敏的试验]

⑨ 铋盐在浓的氨水溶液中生成氢氧化铋：

$$BiCl_3 + 3NH_4OH =\!\!=\!\!= Bi(OH)_3 + 3NH_4Cl$$

⑩ 三氯化铋与铁氰化钾的碱性溶液共加热时，即氧化为四氧化二铋，加热至沸待出现黄色为止，即达到纯化目的：

$$2BiCl_3 + 6KOH =\!=\!= Bi_2O_3 + 6KCl + 3H_2O$$

$$Bi_2O_3 + 2K_3Fe(CN)_6 + 2KOH =\!=\!= Bi_2O_4 \downarrow + 2K_4Fe(CN)_6 + H_2O$$

⑪ 硝酸铋与碘化钾作用时形成 BiI_3， 用水稀释并加热有沉淀形成：

$$Bi(NO_3)_3 + 3KI =\!=\!= 3KNO_3 + BiI_3$$

$$BiI_3 + H_2O =\!=\!= BiOI \downarrow + 2HI$$

⑫ 当碱式硝酸铋与盐酸煮沸时， 有氯和一氧化氮形成：

$$2Bi(OH)_2NO_3 + 12HCl =\!=\!= 3Cl_2 \uparrow + 2NO \uparrow + 2BiCl_3 + 8H_2O$$

碘化氧铋在盐酸溶液中用水稀释时， 生成二氯化碘铋的白色沉淀及棕色结晶性物质：

$$BiOI + 2HCl =\!=\!= Bi(OH)Cl_2 + HI$$

$$BiOI + 2HCl =\!=\!= BiICl_2 \downarrow + H_2O$$

碘化氧铋与浓盐酸作用的反应：

$$4BiOI + 9HCl =\!=\!= BiI_3 + 3BiCl_3 + HI + 4H_2O$$

一硫化铋与盐酸作用时生成三氯化铋及铋：

$$3BiS + 6HCl =\!=\!= 2BiCl_3 + 3H_2S + Bi$$

三氧化二铋与稀盐酸反应：

$$Bi_2O_3 + 2HCl =\!=\!= 2BiOCl + H_2O$$

⑬ 碘离子在铋盐溶液中生成黑色三碘化铋沉淀：

$$Bi^{3+} + 3I^- =\!=\!= BiI_3 \downarrow$$

黑色沉淀溶解于过量的碘试剂形成络离子：

$$BiI_3 + I^- \!\!=\!\!=\!\! [BiI_4]^-$$

8. 钡 Ba

① 氯酸钡的溶液与硫酸锆反应生成氯酸锆：

$$Zr(SO_4)_2 + 2Ba(ClO_3)_2 \!\!=\!\!=\!\! 2BaSO_4 \downarrow + Zr(ClO_3)_4$$

② 氢氧化钡溶液与锗酸反应生成锗酸钡沉淀：

$$H_2GeO_3 + Ba(OH)_2 \!\!=\!\!=\!\! BaGeO_3 \downarrow + 2H_2O$$

③ 高碳酸钡与水反应生成过氧化氢：

$$BaCO_4 + H_2O \!\!=\!\!=\!\! BaCO_3 \downarrow + H_2O_2$$

④ 过氧化钡与稀亚硫酸液反应生成硫酸钡：

$$BaO_2 + H_2SO_3 \!\!=\!\!=\!\! BaSO_3 + H_2O_2$$

$$BaSO_3 + H_2O_2 \!\!=\!\!=\!\! BaSO_4 \downarrow + H_2O$$

⑤ 过氧化钡与氯化铵溶液反应生成氯化钡和氧气：

$$2BaO_2 + 4NH_4Cl \!\!=\!\!=\!\! 2BaCl_2 + 4NH_3 + 2H_2O + O_2 \uparrow$$

⑥ 硝酸银与氯化钡反应生成硝酸钡和氯化银：

$$2AgNO_3 + BaCl_2 \!\!=\!\!=\!\! Ba(NO_3)_2 + 2AgCl \downarrow$$

⑦ 溴酸钾与氯化钡生成溴酸钡：

$$2KBrO_3 + BaCl_2 \!\!=\!\!=\!\! Ba(BrO_3)_2 + 2KCl$$

⑧ 氢氧化钡在亚硫酸钡溶液中遇碘即被氧化：

$$2Ba(OH)_2 + 2BaSO_3 + I_2 = 2BaSO_4 + 2BaI + 2H_2O$$

⑨ 溴酸钡溶液与硫酸发生下列反应：

$$Ba(BrO_3)_2 + H_2SO_4 = BaSO_4 \downarrow + 2HBrO_3$$

⑩ 过氧化钡与磷酸发生下列反应：

$$3BaO_2 + 2H_3PO_4 = Ba_3(PO_4)_2 + 3H_2O_2$$

⑪ 氢氧化钡与磷酸反应生成磷酸氢钡：

$$Ba(OH)_2 + H_3PO_4 = BaHPO_4 + 2H_2O$$

⑫ 氟硅酸与氯化钡生成白色的结晶氟硅酸钡沉淀：

$$H_2SiF_6 + BaCl_2 = 2HCl + BaSiF_6 \downarrow$$

⑬ 草酸盐与钡盐溶液生成白色结晶草酸钡沉淀：

$$Ba^{2+} + C_2O_4^{2-} = BaC_2O_4 \downarrow$$

⑭ 硫酸钙溶液与钡盐生成白色硫酸钡沉淀：

$$CaSO_4 + BaCl_2 = BaSO_4 \downarrow + CaCl_2$$

C

9. 碳　C

碳是钢的重要的成分之一，决定黑色金属的品号时，首先要注意到碳的含量。

碳能以四种不同的形式存在于黑色金属里。

（1）钢中的碳主要是以碳化铁（Fe_3C）的化合态以及合金元素碳化物的化合形态而存在的，如：Mn_3C、Cr_3C_2、WC、VC 等。

（2）碳在铁中呈固溶体形态。

（3）在铸铁中、灰铸铁中主要以石墨状态存在，游离碳不和稀酸起作用，用酸处理钢时金属部分溶解后，游离碳完全沉淀出来。

在钢样溶于冷硝酸（1＋1）的过程中，碳化物以褐色沉淀。这种沉淀在加热时即变成胶体溶液而使溶液呈褐色。测定黑色金属中碳的含量常用以下几种方法。

① **碳的测定用氧气燃烧法，其反应式：**

$$C+O_2 =\!\!= CO_2$$

$$2Fe_3C+5O_2 =\!\!= 2CO_2+6FeO$$

燃烧出来的 CO_2 气体用氢氧化钠（钾）来吸收，反应式：
$$CO_2+2NaOH =\!\!= Na_2CO_3+H_2O$$

$$CO_2 + 2KOH =\!=\!= K_2CO_3 + H_2O$$

② 氢氧化钡容量法测定碳，是燃烧所生成的二氧化碳用过量的氢氧化钡标准溶液来吸收，形成碳酸钡的沉淀，其反应式：

$$Ba(OH)_2 + CO_2 =\!=\!= BaCO_3 \downarrow + H_2O$$

然后对过量的 $Ba(OH)_2$ 用标准醋酸溶液中和滴定，其反应式：

$$Ba(OH)_2 + 2CH_3COOH =\!=\!= Ba(CH_3COO)_2 + 2H_2O$$

③ 用甲醇钾法测定 CO_2。

甲醇钾的生成：

$$KOH + CH_3OH =\!=\!= KOCH_3 + H_2O$$

甲醇钾与二氧化碳反应：

$$KOCH_3 + CO_2 =\!=\!= CH_3KCO_3 \quad （碳酸甲基钾）$$

10. 钙　Ca

钙是非常活泼的金属，能将几乎所有的金属氧化物还原。主要的钙矿是石灰石。

① 金属钙与氢加热反应生成氢化钙：

$$Ca + H_2 =\!=\!= CaH_2$$

氢化钙与水生成氢气：

$$CaH_2 + 2H_2O =\!=\!= Ca(OH)_2 + 2H_2 \uparrow$$

② 金属钙与水反应生成氢氧化钙及氢气：

$$Ca + 2H_2O == Ca(OH)_2 + H_2 \uparrow$$

氢氧化钙溶液吸收空气中的 CO_2 生成 $CaCO_3$：

$$Ca(OH)_2 + CO_2 == CaCO_3 \downarrow + H_2O$$

③ 磷酸盐与钙盐溶液生成白色絮状磷酸氢钙沉淀反应式：

$$Ca^{2+} + HPO_4^{2-} == CaHPO_4 \downarrow$$

钙盐溶液与草酸盐反应生成草酸钙沉淀的反应式：

$$Ca^{2+} + C_2O_4^{2-} == CaC_2O_4 \downarrow$$

④ 草酸钙易溶解于盐酸中生成草酸：

$$CaC_2O_4 + 2HCl == CaCl_2 + H_2C_2O_4$$

⑤ 钙盐溶液与亚铁氰化钾反应生成白色亚铁氰化钙钾沉淀的反应式：

$$CaCl_2 + K_4Fe(CN)_6 == CaK_2Fe(CN)_6 \downarrow + 2KCl$$

⑥ 碳化钙与水分解生成乙炔气体：

$$CaC_2 + 2H_2O == Ca(OH)_2 + C_2H_2 \uparrow$$

磷化钙与水分解生成磷化氢气体（大蒜味）：

$$Ca_3P_2 + 6H_2O == 3Ca(OH)_2 + 2PH_3 \uparrow$$

氮化钙与水分解生成氨气体：

$$Ca_3N_2 + 6H_2O == 3Ca(OH)_2 + 2NH_3 \uparrow$$

⑦ 炉渣中部分氧化钙在高温的作用形成碳化钙，其反

应式：

$$CaO + 3C \xlongequal{\quad\quad} CaC_2 + CO$$

生成的乙炔与氧燃烧生成二氧化碳：

$$2C_2H_2 + 5O_2 \xlongequal{\quad\quad} 4CO_2 + 2H_2O$$

⑧ **氧化钙溶解于水中生成氢氧化钙并用酸中和：**

$$CaO + H_2O \xlongequal{\quad\quad} Ca(OH)_2$$

$$Ca(OH)_2 + 2HCl \xlongequal{\quad\quad} CaCl_2 + 2H_2O$$

一些含钙化合物溶解于盐酸中形成氯化钙，其反应式：

$$CaO + 2HCl \xlongequal{\quad\quad} CaCl_2 + H_2O$$

$$CaSiO_3 + 2HCl \xlongequal{\quad\quad} CaCl_2 + H_2SiO_3$$

$$Ca_3(PO_4)_2 + 6HCl \xlongequal{\quad\quad} 3CaCl_2 + 2H_3PO_4$$

$$CaS + 2HCl \xlongequal{\quad\quad} CaCl_2 + H_2S$$

⑨ **氯化钙用草酸铵在溶液中形成草酸钙沉淀出来的反应式：**

$$CaCl_2 + (NH_4)_2C_2O_4 \xlongequal{\quad\quad} CaC_2O_4 \downarrow + 2NH_4Cl$$

将草酸钙沉淀溶解在酸中：

$$CaC_2O_4 + H_2SO_4 \xlongequal{\quad\quad} CaSO_4 + H_2C_2O_4$$

形成的草酸用高锰酸钾标准溶液来滴定：

$$5H_2C_2O_4 + 2KMnO_4 + 3H_2SO_4 \xlongequal{\quad\quad}$$

$$K_2SO_4 + 2MnSO_4 + 10CO_2 + 8H_2O$$

⑩ **碳酸钙与酸作用生成碳酸：**

$$CaCO_3 + 2HCl = H_2CO_3 + CaCl_2$$

磷酸氢钙与酸作用生成磷酸：

$$CaHPO_4 + 2HCl = CaCl_2 + H_3PO_4$$

⑪ **次氯酸钙与盐酸作用时生成氯化钙：**

$$Ca(OCl)_2 + 4HCl = CaCl_2 + 2H_2O + Cl_2\uparrow$$

氰化钙水解形成甲酸钙及氨：

$$Ca(CN)_2 + 4H_2O = 2NH_3 + Ca(COOH)_2$$

⑫ **炉渣中部分氧化钙在高温的作用形成碳化钙，碳化钙与酸反应，生成乙炔及钙盐：**

$$CaC_2 + 2HNO_3 = C_2H_2\uparrow + Ca(NO_3)_2$$

碳化钙与水生成乙炔及氢氧化钙反应式：

$$CaC_2 + 2H_2O = C_2H_2\uparrow + Ca(OH)_2$$

⑬ **用盐酸还原氯酸钙可得氯气：**

$$Ca(ClO_3)_2 + 12HCl = 6Cl_2 + CaCl_2 + 6H_2O$$

⑭ **漂白粉生产吸收法：**

$$2Ca(OH)_2 + 2Cl_2 = Ca(ClO)_2 \cdot CaCl_2 \cdot 2H_2O$$

漂白液有效氯之测定：

$$Ca(ClO)_2 + 4KI + 2H_2O = CaCl_2 + 2I_2 + 4KOH$$

$$I_2 + 2Na_2S_2O_3 = 2NaI + Na_2S_4O_6$$

⑮ **氧化钙与碳：**

$$CaO + 3C = CaC_2 + CO$$

$$CaC_2 + 2HNO_3 = C_2H_2 \uparrow + Ca(NO_3)_2$$

$$CaC_2 + 2H_2O = C_2H_2 \uparrow + Ca(OH)_2$$

$$2C_2H_2 + 5O_2 = 4CO_2 + 2H_2O$$

⑯ **草酸钙与硫酸反应：**

$$CaC_2O_4 + H_2SO_4 = CaSO_4 + H_2C_2O_4$$

11. 铜　Cu

　　铜在自然界中主要是以黄铜矿 $CuFeS_2$、孔雀石 $Cu_2(OH)_2CO_3$、辉铜矿 Cu_2S、赤铜矿 Cu_2O 等形式存在。

　　铜在铁内不形成碳化物而以固溶体形态存在或以极细微的金属铜的夹杂物形态存在。

　　① **在金属活动性顺序中铜在氢的后面，铜不能从酸中置换氢，所以单独的盐酸、稀硫酸不能与铜作用，有氧化剂存在时，铜则溶解，其反应式：**

$$2Cu + 4HCl + O_2 = 2CuCl_2 + 2H_2O$$

　　② **铜很易溶解于硝酸及热浓硫酸中：**

$$3Cu + 8HNO_3 = 3Cu^{2+} + 6NO_3^- + 4H_2O + 2NO$$

$$Cu + 2H_2SO_4 \xrightarrow{} CuSO_4 + 2H_2O + SO_2$$

③ 用氢氧化铵将铜分离出来而铁铬等元素沉淀为不溶解的氢氧化物，铜进入溶液中形成深蓝色的络合物，其反应式：

$$Fe_2(SO_4)_3 + 6NH_4OH \xrightarrow{} 2Fe(OH)_3 \downarrow + 3(NH_4)_2SO_4$$

$$Cr(NO_3)_3 + 3NH_4OH \xrightarrow{} Cr(OH)_3 \downarrow + 3NH_4NO_3$$

$$Cu(NO_3)_2 + 4NH_4OH \xrightarrow{} [Cu(NH_3)_4](NO_3)_2 + 4H_2O$$

④ 铜在柠檬酸铵的氨性溶液中与二乙胺硫代甲酸钠反应生成棕黄色胶体溶液，其反应式：

$$\frac{1}{2}Cu^{2+} + \begin{array}{c} CH_3CH_2 \\ \\ CH_3CH_2 \end{array}\!\!N\!-\!\!\!\overset{\displaystyle S}{\overset{\|}{C}}\!-\!S\!-\!Na \xrightarrow{} \begin{array}{c} CH_3CH_2 \\ \\ CH_3CH_2 \end{array}\!\!N\!-\!\!\!\overset{\displaystyle S}{\overset{\|}{C}}\!-\!\overset{\frac{1}{2}Cu}{S} + Na^+$$

加入柠檬酸铵可掩蔽铁铝等元素。

用稀硫酸溶解铁时，残留未溶的金属铜在氧化剂的作用下易转入溶液中：

$$Cu + Fe_2(SO_4)_3 \xrightarrow{} CuSO_4 + 2FeSO_4$$

铜的溶液与硫代氰酸盐作用时，有还原剂存在的情况下即析出不溶于稀硫酸的硫代氰酸亚铜沉淀，其反应式：

$$2CuSO_4 + 4KCNS + SnCl_2 + 2HCl \xrightarrow{} \\ Cu_2(CNS)_2 \downarrow + 2HCNS + SnCl_4 + 2K_2SO_4$$

二氯化锡还原三价铁为二价的铁的反应式：

$$2Fe(CNS)_3 + SnCl_2 + 6HCl \xrightarrow{} 2FeCl_2 + SnCl_4 + 6HCNS$$

加入还原剂二氯化锡是为了加速形成硫代氰酸亚铜生成，否则二价铜与硫代氰酸盐生成硫代氰酸铜：

$$CuSO_4 + 2KCNS = Cu(CNS)_2 + K_2SO_4$$

硫代氰酸铜慢慢地转变为硫代氰酸亚铜。析出的硫代氰酸亚铜沉淀，可溶解入氨水中变为铜氨络合物，其反应式：

$$Cu_2(CNS)_2 + 8NH_4OH + O_2 = 2[Cu(NH_3)_4]O \cdot CNS + 8H_2O$$

⑤ 铜用硫代硫酸钠沉淀后用碘量法或是电解法来测定，铜先用硫代硫酸钠从硫酸盐溶液中将铜沉淀而与其他元素如：Cr、Ni、Mn、V、Mo 等分离，其反应式：

$$2CuSO_4 + 4Na_2S_2O_3 = 3Na_2SO_4 + Na_2S_4O_6 + SO_2 + S + Cu_2S$$

或是：

$$CuSO_4 + Na_2S_2O_3 + H_2O = Na_2SO_4 + H_2SO_4 + CuS$$

⑥ 碘量法测定铜是在醋酸铜溶液中加入碘化钾析出适量的游离碘，其反应式：

$$2Cu(C_2H_3O_2)_2 + 4KI = Cu_2I_2 + 4KC_2H_3O_2 + I_2$$

析出的碘用硫代硫酸钠标准溶液滴定，其反应式：

$$I_2 + 2Na_2S_2O_3 = 2NaI + Na_2S_4O_6$$

由于硫氰化铜的溶解度比碘化铜的小得多，碘化铜会变为硫氰化铜，其反应式：

$$CuI_2 + 2KCNS = Cu(CNS)_2 + 2KI$$

⑦ 置换反应。铜能被 Fe、Al、Zn 及其他活动性较强的金属从铜盐溶液中置换出来，其反应式：

$$CuCl_2 + Zn = ZnCl_2 + Cu$$

$$3CuSO_4 + 2Al = 3Cu + Al_2(SO_4)_3$$

⑧ 铜氨络离子与氰化钾形成氰化铜，其反应式：

$$2[Cu(NH_3)_4]SO_4 + 4KCN + 8H_2O =$$
$$2Cu(CN)_2 + 8NH_4OH + 2K_2SO_4$$

⑨ 试铜灵在铜盐的中性或氨性溶液中生成黄绿色沉淀，其反应式：

$$Cu^{2+} + C_6H_5CHOHCNOHC_6H_5 = \begin{array}{c} 2H^+ + C_6H_5-CH-C-C_6H_5 \\ \underset{Cu}{\underbrace{O \quad NO}} \end{array} \downarrow$$

⑩ 双硫腙与铜盐在中性或氨溶液中生成淡黄棕色的沉淀，其反应式：

$$\begin{array}{c} NH-NH-C_6H_5 \\ C=S \\ N=N-C_6H_5 \end{array} + Cu^{2+} = \begin{array}{c} NH-N-C_6H_5 \\ C=S---Cu \\ N=N-C_6H_5 \end{array} + 2H^+ \downarrow$$

⑪ 铜盐在氨性或弱酸性的溶液中与二硫代乙二胺作用生成黑色沉淀，而氰化钾不生成沉淀。镍、铜都与二硫代乙二胺生成棕色或蓝色沉淀，其反应式：

$$(CSNH_2)_2 + Cu^{2+} \longrightarrow \begin{array}{c} C---C \\ HN \quad \underset{S \quad S}{} \quad NH \\ \underset{Cu}{} \end{array} \downarrow + 2H^+$$

⑫ 硫酸铜在醇溶液中与巯基苯并噻唑作用生成沉淀，其反应式：

$$CuSO_4 + 2C_7H_5NS_2 = Cu(C_7H_4NS_2)_2 \downarrow + H_2SO_4$$

重铬酸钾与氧化亚铜在稀硫酸中的反应式：

$$3Cu_2O + K_2Cr_2O_7 + 10H_2SO_4 =\!=$$
$$6CuSO_4 + K_2SO_4 + 10H_2O + Cr_2(SO_4)_3$$

⑬ **苯甲酸铵和六亚甲基四胺与硫酸铜反应生成蓝色沉淀**，其反应式：

$$3CuSO_4 + 6C_6H_5COONH_4 + C_6H_{12}N_4 =\!=$$
$$Cu_3(C_6H_5COO)_6C_6H_{12}N_4 \downarrow + 3(NH_4)_2SO_4$$

⑭ **苯甲酸铵和吡啶与硫酸铜反应生成结晶沉淀**，其反应式：

$$CuSO_4 + 2C_5H_5N + 2C_6H_5COONH_4 =\!=$$
$$(C_5H_5N)_2(C_6H_5COO)_2Cu \downarrow + (NH_4)_2SO_4$$

⑮ **萘茜染料的醇溶液与硫酸铜反应生成黑紫色粉末**，其反应式：

$$CuSO_4 + C_{10}H_6O_4 + H_2O =\!= C_{10}H_4O_4Cu \cdot H_2O \downarrow + H_2SO_4$$

⑯ **奎那定酸溶液与硫酸铜反应生成结晶绿色沉淀**，其反应式：

$$CuSO_4 + 2C_{10}H_7NO_2 + H_2O =\!= (C_{10}H_6NO_2)_2Cu \cdot H_2O \downarrow + H_2SO_4$$

⑰ **酒石酸钾钠的碱性溶液与硫酸铜反应生成两种络合物**，其反应式：

$$CuSO_4 + KNaC_4O_6H_4 + NaOH =\!= KCuC_4O_6H_3 + Na_2SO_4 + H_2O$$

$$CuSO_4 + KNaC_4O_6H_4 + 2NaOH =\!=$$
$$KNaCuC_4O_6H_2 + Na_2SO_4 + 2H_2O$$

酒石酸钠的碱性溶液与硫酸铜反应生成两种络合物，其反应式：

$$2CuSO_4 + Na_2C_4O_6H_4 + 3NaOH =\!=\!=$$
$$Cu_2ONaC_4O_6H_3 + 2Na_2SO_4 + 2H_2O$$

$$Cu_2ONaC_4O_6H_3 + NaOH =\!=\!= CuNa_2C_4O_6H_2 + Cu(OH)_2$$

⑱ 氯化铜在中性或弱酸性溶液与硫代硫酸钠反应被还原为氯化亚铜，其反应式：

$$2CuCl_2 + 2Na_2S_2O_3 =\!=\!= Cu_2Cl_2 + 2NaCl + Na_2S_4O_6$$

硝酸铜与氢氧化铵反应

$$Cu(NO_3)_2 + 4NH_4OH =\!=\!= [Cu(NH_3)_4](NO_3)_2 + 4H_2O$$

⑲ 铜在柠檬酸铵的氨性溶液中与二乙胺硫代甲酸钠作用生成棕黄色胶体溶液，加入柠檬酸铵可掩蔽铁铝等：

防止生成沉淀，加入铜试剂后应即进行比色

⑳ 硫酸铜与硫氰化钾反应：

$$2CuSO_4 + 4KCNS + SnCl_2 + 2HCl =\!=\!=$$
$$Cu_2(CNS)_2 + 2HCNS + SnCl_4 + 2K_2SO_4$$

$$Cu_2(CNS)_2 + 8NH_4OH + O_2 =\!=\!= 2[Cu(NH_3)_4]O \cdot CNS + 8H_2O$$

$$CuSO_4 + 2KCNS =\!=\!= Cu(CNS)_2 + K_2SO_4$$

$$Cu + Fe_2(SO_4)_3 =\!=\!= CuSO_4 + 2FeSO_4$$

$$3CuSO_4 + 2Al = 3Cu + Al_2(SO_4)_3$$

$$3Cu + 8HNO_3 = 3Cu(NO_3)_2 + 2NO + 4H_2O$$

$$Cu(NO_3)_2 + 4NH_4OH = [Cu(NH_3)_4](NO_3)_2 + 4H_2O$$

㉑ **硫酸铜铵络合物与氰化钾反应:**

$$2[Cu(NH_3)_4]SO_4 + 4KCN + 8H_2O =$$
$$2Cu(CN)_2 + 8NH_4OH + 2K_2SO_4$$

$$Cu_2(CN)_2 + 6KCN = K_6[Cu_2(CN)_8]$$

㉒ **硫酸铜与硫代硫酸钠反应:**

$$2CuSO_4 + 4Na_2S_2O_3 =$$
$$3Na_2SO_4 + Na_2S_4O_6 + SO_2 + S + Cu_2S\downarrow$$

$$CuSO_4 + Na_2S_2O_3 + H_2O = Na_2SO_4 + H_2SO_4 + CuS\downarrow$$

$$I_2 + 2Na_2S_2O_3 = 2NaI + Na_2S_4O_6$$

$$Cu_2I_2 + 2KCNS = Cu_2(CNS)_2 + 2KI$$

$$2CuCl_2 + 4(NH_4)_2S_2O_3 =$$
$$(NH_4)_2S_4O_6 + (NH_4)_2SO_4 + 4NH_4Cl + SO_2 + 2CuS\downarrow$$

㉓ **碘容量法**

醋酸铜与碘化钾作用析出当量碘:

$$2Cu(C_2H_3O_2)_2 + 4KI = Cu_2I_2 + 4KC_2H_3O_2 + I_2$$

碘用硫代硫酸钠滴定:

$$I_2 + 2Na_2S_2O_3 \longrightarrow 2NaI + Na_2S_4O_6$$

12. 钴 Co

主要的钴矿是砷钴矿 $CoAs_2$ 和辉砷钴矿 $CoAsS$；钴有三种氧化物，CoO、Co_2O_3、Co_3O_4。

① 三种氧化物都溶解于酸：

$$CoO + 2HCl = H_2O + CoCl_2$$

$$Co_2O_3 + 6HCl = 3H_2O + 2CoCl_2 + Cl_2 \uparrow$$

$$Co_3O_4 + 8HCl = 4H_2O + 3CoCl_2 + Cl_2 \uparrow$$

② 钴盐溶液与碱的反应式：

$$CoCl_2 + NaOH = Co(OH)Cl + NaCl$$

在碱过量的情况下加热生成粉红色 $Co(OH)_2$：

$$Co(OH)Cl + OH^- = Co(OH)_2 + Cl^-$$

③ 钴盐溶液生成碱式盐沉淀：

$$Co^{2+} + OH^- + Cl^- = Co(OH)Cl$$

当溶液有过量的氢氧化铵时此沉淀就会溶解形成钴铵络离子：

$$Co^{2+} + 6NH_3 = [Co(NH_3)_6]^{2+}$$

此溶液被氧或过氧化氢氧化后钴离子氧化为高钴离子，使溶液形成淡红棕色：

$$4[Co(NH_3)_6]^{2+} + O_2 + 2H_2O = 4[Co(NH_3)_6]^{2+} + 4OH^-$$

④ 钴盐溶液与硫氰酸铵溶液生成深蓝色的硫氰酸钴络离子

溶液：

$$Co^{2+} + 4SCN^- \Longrightarrow Co(SCN)_4^{2-}$$

必须加过量的硫氰酸铵以形成蓝色的络离子，这个反应很灵敏。

⑤ 钴盐在醋酸溶液中与亚硝酸钾反应生成黄色的亚硝酸钴钾的反应式：

$$Co(NO_3)_2 + 7KNO_2 + 2CH_3COOH \Longrightarrow$$
$$K_3Co(NO_2)_6 + 2KNO_3 + 2CH_3COOK + NO + H_2O$$

钴盐在稀醋酸或稀盐酸中与 α-亚硝基-β-萘酚反应生成淡红紫色的亚硝基-β-萘酚钴沉淀的反应式：

$$Co^{3+} + 3C_{10}H_6(NO)OH \Longrightarrow [C_{10}H_6(NO)O]_3Co \downarrow + 3H^+$$

⑥ 钴盐在醋酸盐或氨性溶液中与二巯基乙二胺反应生成淡黄棕色的沉淀反应式：

$$(CSNH_2)_2 + Co^{2+} + 2C_2H_3O_2^- = \underset{\text{（结构式）}}{} + 2CH_3COOH$$

⑦ 当氧化钴与硼砂在白金丝圈上加热反应生成一种蓝色的偏硼酸钴：

$$Na_2B_4O_7 + CoO \Longrightarrow Co(BO_2)_2 \cdot 2NaBO_2$$

⑧ 氢氧化高钴与过量的硫酸钛反应而还原：

$$2Co(OH)_3 + Ti_2(SO_4)_3 + 3H_2SO_4 \Longrightarrow$$
$$2Ti(SO_4)_2 + 2CoSO_4 + 6H_2O$$

⑨ 测定 Co（OH）₃ 中的钴用标准氯化亚锡在盐酸溶液中还原， 然后用一种氧化剂来滴定过量的二氯化亚锡：

$$2Co(OH)_3 + SnCl_2 + 6HCl === 2CoCl_2 + SnCl_4 + 6H_2O$$

⑩ 电位滴定硝酸钴酒石酸的溶液时， 以不同量的 NaOH 溶液来滴定（有三个络合物生成）：

$$Co(NO_3)_2 + C_4O_6H_6 + 2NaOH === CoC_4O_6H_4 + 2NaNO_3 + 2H_2O$$

$$Co(NO_3)_2 + C_4O_6H_6 + 3NaOH === NaCoC_4O_6H_3 + 2NaNO_3 + 3H_2O$$

$$Co(NO_3)_2 + C_4O_6H_6 + 4NaOH ===$$
$$Na_2CoC_4O_6H_2 + 2NaNO_3 + 4H_2O$$

⑪ 当 Co（NH₃）₅Cl₃ 在加热时形成氯化钴， 当加入碳酸钠溶液时， 形成碳酸钴沉淀。 然后将碳酸钴灼烧形成氧化钴， 将氧化钴用氢还原成金属钴：

$$4Co(NH_3)_5Cl_3 + 2H_2O === 4CoCl_2 + 16NH_3 + 4NH_4Cl + O_2$$

$$CoCl_2 + Na_2CO_3 === CoCO_3 \downarrow + 2NaCl$$

$$CoCO_3 \overset{\triangle}{===} CoO + CO_2$$

$$CoO + H_2 === Co + H_2O$$

13. 铬　Cr

铬以简单的碳化物（Cr₃C₂、Cr₅C₂、Cr₇O₃）在铁中以固溶体的形态存在，在自然界中主要是以铬铁矿（FeO·Cr₂O₃）的形式存在。

① 当铬试样溶解于酸的反应式：

$$2Cr_3C_2 + 17H_2SO_4 =\!=$$
$$3Cr_2(SO_4)_3 + 4CO_2 + 8SO_2 + 8H_2O + 9H_2\uparrow$$

$$2Cr + 3H_2SO_4 =\!= Cr_2(SO_4)_3 + 3H_2\uparrow$$

$$2Cr + 6HCl =\!= 2CrCl_3 + 3H_2\uparrow$$

$$2Cr_3C_2 + 9H_2SO_4 =\!= 3Cr_2(SO_4)_3 + 4C + 9H_2\uparrow$$

② 所形成的三价铬盐受到强氧化剂的作用而转变为六价的铬酸，通常用过硫酸铵于硝酸银或高锰酸钾存在下作用氧化反应式：

$$2AgNO_3 + (NH_4)_2S_2O_8 =\!= 2NH_4NO_3 + Ag_2S_2O_8$$

$$Ag_2S_2O_8 + 2H_2O =\!= Ag_2O_2 + 2H_2SO_4$$

③ 铬的直接氧化反应式：

$$3(NH_4)_2S_2O_8 + Cr_2(SO_4)_3 + 8H_2O =\!=$$
$$2H_2CrO_4 + 3(NH_4)_2SO_4 + 6H_2SO_4$$

④ 高锰酸钾与铬的氧化反应式：

$$5Cr_2(SO_4)_3 + 6KMnO_4 + 16H_2O =\!=$$
$$10H_2CrO_4 + 6MnSO_4 + 3K_2SO_4 + 6H_2SO_4$$

当铬氧化时产生副反应，过硫酸铵氧化锰生成高锰酸。
$$2MnSO_4 + 5(NH_4)_2S_2O_8 + 8H_2O =\!=$$
$$2HMnO_4 + 5(NH_4)_2SO_4 + 7H_2SO_4$$

当高锰酸钾氧化铬时形成水化二氧化锰的褐色沉淀，其反应式：

$$3MnSO_4 + 2KMnO_4 + 2H_2O =\!= 5MnO_2\downarrow + K_2SO_4 + 2H_2SO_4$$

过硫酸铵氧化铬时，出现高锰酸钾的红色，可作为铬全部氧化的标志，因为只有铬完全氧化后锰才能被氧化为高锰酸钾。

高锰酸钾氧化铬时，出现二氧化锰的褐色沉淀，可作为铬氧化完全的标志，因为高锰酸钾将二价锰氧化为四价锰的反应要比氧化铬为铬酸的反应困难得多。

⑤ 当过量的过硫酸铵加热煮沸分解反应式：

$$2(NH_4)_2S_2O_8 + 2H_2O === 2(NH_4)_2SO_4 + 2H_2SO_4 + O_2$$

⑥ 高锰酸及二氧化锰可加入氯化钠或盐酸还原，其反应式：

$$2HMnO_4 + 10NaCl + 7H_2SO_4 === 2MnSO_4 + 5Na_2SO_4 + 5Cl_2\uparrow + 8H_2O$$

$$MnO_2 + 2NaCl + 2H_2SO_4 === MnSO_4 + Na_2SO_4 + Cl_2\uparrow + 2H_2O$$

⑦ 在强酸性溶液中，三价铬氧化为铬酸很慢，而当强酸溶液浓度很高时，过硫酸铵能将铬酸还原成三价铬，其反应式：

$$2H_2CrO_4 + 5(NH_4)_2S_2O_8 ===$$
$$Cr_2(SO_4)_3 + 5(NH_4)_2SO_4 + 2H_2SO_4 + 4O_2$$

⑧ 铬酸在酸性溶液中能够由黄色变为橙色的重铬酸，其反应式：

$$2H_2CrO_4 === H_2Cr_2O_7 + H_2O$$

⑨ 用硫酸亚铁标准溶液滴定还原铬酸将六价铬还原成三价铬的反应式：

$$2H_2CrO_4 + 6FeSO_4 + 6H_2SO_4 ===$$
$$Cr_2(SO_4)_3 + 3Fe_2(SO_4)_3 + 8H_2O$$

过量的硫酸亚铁溶液可用高锰酸钾标准溶液回滴定，其反应式：

$$10FeSO_4 + 2KMnO_4 + 8H_2SO_4 =\!\!=$$
$$5Fe_2(SO_4)_3 + K_2SO_4 + 2MnSO_4 + 8H_2O$$

⑩ **用碘标准溶液来测定铬其原理是铬在碱性介质中，用高锰酸钾将三价铬氧化为六价铬，其反应式：**

$$Cr_2(SO_4)_3 + 2KMnO_4 + 4Na_2CO_3 =\!\!=$$
$$2Na_2CrO_4 + 2MnO_2 + K_2SO_4 + 2Na_2SO_4 + 4CO_2\uparrow$$

所形成的铬酸钠，然后在酸性溶液和碘化钾反应析出相等数量的碘，其反应式：

$$6KI + 2Na_2CrO_4 + 8H_2SO_4 =\!\!=$$
$$3K_2SO_4 + Cr_2(SO_4)_3 + 2Na_2SO_4 + 8H_2O + 3I_2$$

$$K_2Cr_2O_7 + 6KI + 7H_2SO_4 =\!\!=$$
$$Cr_2(SO_4)_3 + 4K_2SO_4 + 7H_2O + 3I_2$$

析出的碘然后用硫代硫酸钠溶液滴定，其反应式：

$$I_2 + 2Na_2S_2O_3 =\!\!= 2NaI + Na_2S_4O_6$$

⑪ **高氯酸将三价铬氧化成六价铬的反应式：**

$$14CrPO_4 + 6HClO_4 + 18H_2O =\!\!= 14CrO_3 + 3Cl_2 + 14H_3PO_4$$

氢氧化铬是两性化合物，它溶于酸生成三价铬盐，溶于碱生成绿色的亚铬酸盐（$HCrO_2$），其反应式：

$$Cr(OH)_3 + NaOH =\!\!= NaCrO_2 + 2H_2O$$

⑫ **当重铬酸钾溶液与稀硫酸和过氧化氢作用时的反应式：**

$$K_2Cr_2O_7 + H_2O_2 + H_2SO_4 \Longrightarrow K_2SO_4 + 2H_2O + Cr_2O_7$$

$$Cr_2O_7 + 3H_2SO_4 + 4H_2O_2 \Longrightarrow Cr_2(SO_4)_3 + 7H_2O + 4O_2$$

⑬ **三氧化铬的硫酸溶液与过氧化氢作用的反应式:**

$$2CrO_3 + 3H_2O_2 + 3H_2SO_4 \Longrightarrow Cr_2(SO_4)_3 + 6H_2O + 3O_2$$

碘化钾与重铬酸钾反应生成铬酸钾和碘, 其反应式:

$$3K_2Cr_2O_7 + KI \Longrightarrow 3K_2CrO_4 + 3CrO_2 + KIO_3$$

$$5KI + 3K_2Cr_2O_7 + KIO_3 \Longrightarrow 6K_2CrO_4 + 3I_2$$

在酸性溶液中, 用碘化钾溶液来滴定重铬酸钾, 其反应式:

$$K_2Cr_2O_7 + 14HCl + 6KI \Longrightarrow 8KCl + 2CrCl_3 + 7H_2O + 3I_2$$

⑭ **重铬酸钾与浓硫酸作用时, 有铬酐的红色针状结晶析出, 在某些情况之下, 可生成黄色铬硫酸 H_2CrSO_7 (即 $H_2SO_4 \cdot CrO_3$), 当加热时, 铬酐分解而放出氧气, 此时有硫酸铬生成, 致溶液的颜色由橙红而变为绿色, 其反应式:**

$$2K_2Cr_2O_7 + 2H_2SO_4 \Longrightarrow 2K_2SO_4 + 2H_2Cr_2O_7$$

$$2H_2Cr_2O_7 \Longrightarrow 2H_2O + 4CrO_3$$

$$4CrO_3 \Longrightarrow 2Cr_2O_3 + 3O_2 \uparrow$$

$$2Cr_2O_3 + 6H_2SO_4 \Longrightarrow 6H_2O + 2Cr_2(SO_4)_3$$

$$2K_2Cr_2O_7 + 8H_2SO_4 \Longrightarrow 2K_2SO_4 + 2Cr_2(SO_4)_3 + 8H_2O + 3O_2 \uparrow$$

重铬酸钾与碱作用的反应式:

$$K_2Cr_2O_7 + 2KOH \Longrightarrow 2K_2CrO_4 + H_2O$$

⑮ 过硫酸铵容量法

用硝酸银作催化剂用过硫铵氧化铬

$$Cr_2(SO_4)_3 + 3(NH_4)_2S_2O_8 + 8H_2O ==$$
$$2H_2CrO_4 + 3(NH_4)_2SO_4 + 6H_2SO_4$$

锰也被氧化：

$$2MnSO_4 + 5(NH_4)_2S_2O_8 + 8H_2O ==$$
$$2HMnO_4 + 5(NH_4)_2SO_4 + 7H_2SO_4$$

加氯化钠还原锰酸：

$$2HMnO_4 + 10NaCl + 7H_2SO_4 ==$$
$$2MnSO_4 + 5Na_2SO_4 + 5Cl_2\uparrow + 8H_2O$$

用硫酸亚铁铵滴定六价铬：

$$2H_2CrO_4 + 6(NH_4)_2Fe(SO_4)_2 + 6H_2SO_4 ==$$
$$Cr_2(SO_4)_3 + 3Fe_2(SO_4)_3 + 6(NH_4)_2SO_4 + 8H_2O$$

关于硝酸银的催化反应：

$$(NH_4)_2S_2O_8 + 2AgNO_3 == Ag_2S_2O_8 + 2NH_4NO_3$$

$$Ag_2S_2O_8 + 2H_2O == Ag_2O_2 + 2H_2SO_4$$

$$Cr_2(SO_4)_3 + 3Ag_2O_2 + 2H_2O == 2H_2CrO_4 + 3Ag_2SO_4$$

$$2MnSO_4 + 5Ag_2O_2 + 3H_2SO_4 == 2HMnO_4 + 5Ag_2SO_4 + 2H_2O$$

⑯ 铬的测定
a. 溶解

$$2Cr_3C_2 + 9H_2SO_4 == 3Cr_2(SO_4)_3 + 4C + 9H_2\uparrow$$

b. 氧化

$$Cr_2(SO_4)_3 + 3(NH_4)_2S_2O_8 + 8H_2O =\!=$$
$$2H_2CrO_4 + 3(NH_4)_2SO_4 + 6H_2SO_4$$

$$2MnSO_4 + 5(NH_4)_2S_2O_8 + 8H_2O =\!=$$
$$2HMnO_4 + 5(NH_4)_2SO_4 + 7H_2SO_4$$

c. 分解

$$2(NH_4)_2S_2O_8 + 2H_2O \xrightarrow{\triangle} 2(NH_4)_2SO_4 + 2H_2SO_4 + O_2\uparrow$$

d. 还原

$$2HMnO_4 + 10NaCl + 7H_2SO_4 =\!=$$
$$5Na_2SO_4 + 2MnSO_4 + 5Cl_2\uparrow + 8H_2O$$

e. 滴定

$$2H_2CrO_4 + 6FeSO_4 + 6H_2SO_4 =\!= Cr_2(SO_4)_3 + 3Fe_2(SO_4)_3 + 8H_2O$$

$$2H_2CrO_4 + 6(NH_4)_2Fe(SO_4)_2 + 6H_2SO_4 =\!=$$

$$Cr_2(SO_4)_3 + 6(NH_4)_2SO_4 + 3Fe_2(SO_4)_3 + 8H_2O$$

14. 镉 Cd

① **当硫代磷酸镉加热时分解为硫化镉:**

$$Cd_3P_2S_8 =\!= 3CdS + P_2S_5$$

② **硫酸镉加热分解:**

$$5CdSO_4 =\!= (CdO)_4 \cdot CdSO_4 + 4SO_3$$

$$(CdO)_4 \cdot CdSO_4 \Longrightarrow 5CdO + SO_3$$

③ 亚硝酸镉加热分解为氧化镉：

$$3Cd(NO_2)_2 \Longrightarrow 2CdO + Cd(NO_3)_2 + 4NO$$

$$Cd(NO_2)_2 \Longrightarrow CdO + N_2O_3$$

④ 碳酸镉 300℃时分解成氧化镉：

$$CdCO_3 \xrightarrow{\triangle} CdO + CO_2$$

⑤ 灼烧草酸镉时分解成氧化镉：

$$CdC_2O_4 \xrightarrow{\triangle} CdO + CO_2 + CO$$

⑥ 镉胺在潮湿空气中与水生成氢氧化镉：

$$Cd(NH_2)_2 + 2H_2O \Longrightarrow Cd(OH)_2 + 2NH_3$$

⑦ 氯化镉溶液与硫氰酸铵浓溶液和硫酸肼氨溶液共混合反应生成白色结晶沉淀：

$$CdCl_2 + 2NH_4SCN + 2NH_3 + (N_2H_4)_2 \cdot H_2SO_4$$

$$\Longrightarrow Cd(N_2H_4)_2(SCN)_2 \downarrow + (NH_4)_2SO_4 + 2NH_4Cl$$

⑧ 为了纯化镉可将硫化镉溶解于盐酸中，生成氯化镉和硫化氢。加入碳酸铵后则有碳酸镉和氯化铵形成。将碳酸镉与碳加热反应生成镉、一氧化碳：

a. $$CdS + 2HCl \Longrightarrow CdCl_2 + H_2S$$

b. $$CdCl_2 + (NH_4)_2CO_3 \Longrightarrow CdCO_3 + 2NH_4Cl$$

c. $$CdCO_3 + 2C \Longrightarrow Cd + 3CO$$

⑨ 碘化镉的溶液（在苯胺、氯仿、戊醇、醋酸、戊酯和醋酸乙酯中）中镁将置换出镉，汞不能引起置换反应，但锌、铁、铅、铜在某些溶液中，可产生置换反应：

$$CdI_2 + Mg = MgI_2 + Cd\downarrow$$

⑩ 硫酸镉溶液与过量的过氧化氢反应生成氧化镉：

$$CdSO_4 + H_2O_2 = CdO_2 + H_2SO_4$$

⑪ 氯化镉溶液与铬酸钠作用生成铬酸镉沉淀：

$$CdCl_2 + Na_2CrO_4 = CdCrO_4\downarrow + 2NaCl$$

⑫ 硝酸镉与铬酸钾溶液反应生成铬酸镉：

$$Cd(NO_3)_2 + K_2CrO_4 = CdCrO_4\downarrow + 2KNO_3$$

⑬ 磷酸氢二铵与氯化镉发生下列反应：

$$CdCl_2 + (NH_4)_2HPO_4 + H_2O =$$
$$CdNH_4PO_4 \cdot H_2O + NH_4Cl + HCl$$

⑭ 硫酸镉与亚硫酸钠溶液反应有亚硫酸镉沉淀生成：

$$CdSO_4 + Na_2SO_3 = CdSO_3\downarrow + Na_2SO_4$$

⑮ 氯化镉溶液与铬酸钠反应生成铬酸镉沉淀：

$$CdCl_2 + Na_2CrO_4 = CdCrO_4\downarrow + 2NaCl$$

⑯ 碳酸氢钾溶液与硝酸镉反应生成碳酸镉：

$$Cd(NO_3)_2 + 2KHCO_3 = CdCO_3 + 2KNO_3 + H_2O + CO_2\uparrow$$

⑰ 硝酸镉与硫酸发生下列反应：

$$Cd(NO_3)_2 + H_2SO_4 = CdSO_4 + 2HNO_3$$

⑱ 在强氨性溶液中氯化镉与碘化钾作用反应如下：

$$CdCl_2 + 2NH_4OH + 2KI = CdI_2 \cdot 2NH_3 + 2KCl + 2H_2O$$

⑲ 氢氧化铵溶液与氯化镉反应有下列生成物：

$$CdCl_2 + 4NH_4OH = CdCl_2 \cdot 4NH_3 + 4H_2O$$

⑳ 氧化镉易溶于熔融氢氧化钾而形成 $KOH \cdot CdO$

$$CdO + KOH = KOH \cdot CdO$$

㉑金属如铁、锡、锌等不能在镉的酸性溶液析出镉，锌在镉的中性溶液中能迅速析出镉：

$$Cd^{2+} + Zn = Zn^{2+} + Cd$$

15. 铈　Ce

① $K_2Ce(NO_3)_6$ 与过量的氢氧化钠反应有下列生成物：

$$K_2Ce(NO_3)_6 + 4NaOH = Ce(OH)_4 \downarrow + 2KNO_3 + 4NaNO_3$$

② 高铈盐可定量地与亚铁氰化物反应生成铁氰化物，反应如下：

$$2Na_4Fe(CN)_6 + 2Ce(SO_4)_2 =$$

$$2Na_3Fe(CN)_6 + Na_2SO_4 + Ce_2(SO_4)_3$$

③ 稀硫酸与氢氧化铈反应生成硫酸高铈：

$$Ce(OH)_4 + 2H_2SO_4 \Longrightarrow Ce(SO_4)_2 + 4H_2O$$

④ 三氧化铈与硫酸反应生成下列物质：

$$2CeO_3 + 3H_2SO_4 \Longrightarrow Ce_2(SO_4)_3 + H_2O_2 + 2H_2O + O_2\uparrow$$

⑤ 硫酸与二氧化铈反应生成下列物质：

$$CeO_2 + 2H_2SO_4 \Longrightarrow Ce(SO_4)_2 + 2H_2O$$

⑥ 草酸钠与硫酸高铈反应生成硫酸铈：

$$2Ce(SO_4)_2 + Na_2C_2O_4 \Longrightarrow Na_2SO_4 + 2CO_2 + Ce_2(SO_4)_3$$

⑦ 亚硝酸可以用硫酸高铈与亚硝酸钾的反应而测定：

$$2Ce(SO_4)_2 + KNO_2 + H_2O \Longrightarrow$$
$$Ce_2(SO_4)_3 + KNO_3 + H_2SO_4$$

⑧ 在丙酮和硫酸的参与下碘化钾可以应用于硫酸高铈定量滴定（用邻二氮杂菲亚铁离子为指示剂）：

$$KI + 2Ce(SO_4)_2 + CH_3COCH_3 \Longrightarrow$$
$$KHSO_4 + Ce_2(SO_4)_3 + CH_3COCH_2I$$

⑨ 硫酸高铈与硫酸钾反应生成下列物质：

$$Ce(SO_4)_2 + 2K_2SO_4 + 2H_2O \Longrightarrow$$
$$Ce(SO_4)_2 \cdot (K_2SO_4)_2 \cdot 2H_2O$$

⑩ 硫酸高铈能氧化硫酸亚铁：

$$2Ce(SO_4)_2 + 2FeSO_4 \Longrightarrow Fe_2(SO_4)_3 + Ce_2(SO_4)_3$$

⑪ 二氧化铈溶解于硝酸中生成硝酸高铈：

$$CeO_2 + 4HNO_3 \Longrightarrow Ce(NO_3)_4 + 2H_2O$$

$$Ce(NO_3)_4 =\!=\!= Ce(NO_3)_3 + NO + O_2$$

⑫ 二氧化铈与盐酸加热生成四氯化铈：

$$CeO_2 + 4HCl =\!=\!= CeCl_4 + 2H_2O$$

⑬ 二氧化铈或其他铈化合物可以应用下列方法而定量测定，通常二氧化铈与碘化钾溶液作用即有碘析出，碘的量可以定量测得，这样二氧化铈或其他铈化合物含量可间接计算而得：

$$2CeO_2 + 8HCl + 2KI =\!=\!= 2CeCl_3 + 2KCl + 4H_2O + I_2$$

⑭ 二氧化铈溶解于盐酸生成三氯化铈，有氯气放出：

$$2CeO_2 + 8HCl =\!=\!= 2CeCl_3 + 4H_2O + Cl_2\uparrow$$

⑮ 玻璃往往因亚铁离子的氧化而脱色（有铈的参加）：

$$2CeO_2 + 2FeO =\!\rightleftharpoons\!= Ce_2O_3 + Fe_2O_3$$

⑯ 二氧化铈与碳反应有下列三个步骤

$$2CeO_2 + C =\!=\!= Ce_2O_3 + CO$$

$$Ce_2O_3 + 9C =\!=\!= 2CeC_3 + 3CO$$

$$CeC_3 =\!=\!= CeC_2 + C$$

⑰ 氢氧化高铈与小量的氢氧化铵和硝酸反应有下列生成物：

$$Ce_2O(OH)_6 + 4NH_4OH + 12HNO_3 =\!=\!=$$
$$2(NH_4)_2Ce(NO_3)_6 \cdot 3H_2O + 5H_2O$$

⑱ 氢氧化铵与硫酸高铈溶液作用有下列反应：

$$Ce(SO_4)_2 + 4NH_4OH \Longrightarrow Ce(OH)_4 \downarrow + 2(NH_4)_2SO_4$$

⑲ 碱式硝酸高铈溶液与氢氧化铵反应生成红色硝酸高铈铵结晶:

$$2Ce(OH)(NO_3)_3 + 2NH_4OH \Longrightarrow$$
$$(NH_4)_2Ce(NO_3)_6 \downarrow + Ce(OH)_4 \downarrow$$

⑳ 硫酸高铈与过氧化氢反应生成下列物质:

$$2Ce(SO_4)_2 + H_2O_2 \Longrightarrow Ce_2(SO_4)_3 + H_2SO_4 + O_2 \uparrow$$

㉑ 氢氧化高铈与硝酸钾反应生成下列物质:

$$Ce(OH)_4 + 6KNO_3 \Longrightarrow K_2Ce(NO_3)_6 + 4KOH$$

㉒ 碳酸盐(锌、铅、锰、铜)与硝酸高铈溶液反应生成氢氧化高铈:

$$Ce(NO_3)_4 + 2CuCO_3 + 2H_2O \Longrightarrow Ce(OH)_4 \downarrow + 2Cu(NO_3)_2 + 2CO_2$$

㉓ 硫酸铈与氯化钡反应生成三氯化铈、硫酸钡:

$$Ce(SO_4)_3 + 3BaCl_2 \Longrightarrow 3BaSO_4 \downarrow + 2CeCl_3$$

㉔ 在酸性溶液中过氧化氢与铈盐可氧化为高铈盐:

$$Ce_2(SO_4)_3 + H_2O_2 + H_2SO_4 \Longrightarrow 2Ce(SO_4)_2 + 2H_2O$$

㉕ 硝酸铈溶液与焦磷酸钠生成沉淀:

$$Ce(NO_3)_3 + Na_4P_2O_7 + 4H_2O \Longrightarrow$$
$$CeHP_2O_7 \cdot 3H_2O \downarrow + 3NaNO_3 + NaOH$$

㉖ 甲酸与碳酸铈反应生成下列物质:

$$Ce_2(CO_3)_3 + 6HCOOH = 2Ce(HCOO)_3 + 3CO_2 + 3H_2O$$

㉗ 草酸铵与铈盐反应生成白色草酸铈沉淀：

$$2CeCl_3 + 3(NH_4)_2C_2O_4 = Ce_2(C_2O_4)_3 \downarrow + 6NH_4Cl$$

㉘ 氨性硝酸银溶液与铈盐的中性溶液反应生成氢氧化高铈和金属银，受银粉的影响变为黑色：

$$Ce(OH)_3 + Ag(NH_3)_2^+ + OH^- = Ce(OH)_4 + Ag + 2NH_3$$

㉙ 磷酸与硫酸铈的中性溶液反应生成白色沉淀二水合磷酸铈：

$$Ce_2(SO_4)_3 + 2H_3PO_4 + 4H_2O = \\ 2CePO_4 \cdot 2H_2O \downarrow + 3H_2SO_4$$

㉚ 三氯化铈与碳酸钾反应生成下列物质：

$$2CeCl_3 + 4K_2CO_3 + 12H_2O = \\ Ce_2K_2(CO_3)_4 \cdot 12H_2O \downarrow + 6KCl$$

㉛ 三氯化铈溶液与碳酸铵反应生成下列物质：

$$2CeCl_3 + 4(NH_4)_2CO_3 + 6H_2O = \\ Ce_2(NH_4)_2(CO_3)_4 \cdot 6H_2O \downarrow + 6NH_4Cl$$

㉜ 硝酸铈与过量的磷酸反应生成下列物质：

$$Ce(NO_3)_3 + H_3PO_4 = CePO_4 + 3HNO_3$$

㉝ 三氯化铈与磷酸反应生成下列物质：

$$CeCl_3 + H_3PO_4 + 2H_2O = CePO_4 \cdot 2H_2O + 3HCl$$

㉞ 氢氧化铵与三氯化铈反应生成白色的氢氧化铈：

$$CeCl_3 + 3NH_4OH = Ce(OH)_3 + 3NH_4Cl$$

$$CeCl_3 + 3NaOH = Ce(OH)_3 + 3NaCl$$

16. 氯 Cl

① 硝酸银与氯化物生成白色的氯化银:

$$NaCl + AgNO_3 = AgCl\downarrow + NaNO_3$$

② 亚砷酸钠与氯化银生成下列物质:

$$Na_3AsO_3 + 3AgCl = 3NaCl + Ag_3AsO_3$$

③ 二氧化锰与氯化钠、硫酸反应生成氯气:

$$MnO_2 + 2NaCl + 2H_2SO_4 = 2H_2O + MnSO_4 + Na_2SO_4 + Cl_2\uparrow$$

④ 高锰酸钾与氯化钾、硫酸反应生成氯气:

$$10KCl + 2KMnO_4 + 8H_2SO_4 = 2MnSO_4 + 6K_2SO_4 + 8H_2O + 5Cl_2\uparrow$$

⑤ 重铬酸钾与氯化钾、硫酸反应生成氯气:

$$6KCl + 7H_2SO_4 + K_2Cr_2O_7 =$$
$$Cr_2(SO_4)_3 + 4K_2SO_4 + 7H_2O + 3Cl_2\uparrow$$

⑥ 二氯化二汞与碳酸钠溶液反应生成下列物质:

$$Hg_2Cl_2 + Na_2CO_3 = 2NaCl + Hg_2CO_3$$

$$Hg_2CO_3 = HgO + Hg + CO_2$$

⑦ 氯化银与固体碳酸钠共熔反应生成下列物质:

$$4AgCl + 2Na_2CO_3 \Longrightarrow 4NaCl + 2Ag_2CO_3$$

$$2Ag_2CO_3 \Longrightarrow 2Ag_2O + 2CO_2$$

$$2Ag_2O \Longrightarrow 4Ag + O_2$$

⑧ 氯化银与金属锌直接接触再加稀硫酸之后氯化银被分解:

$$2AgCl + Zn \Longrightarrow ZnCl_2 + 2Ag\downarrow$$

⑨ 氯化银与硫化铵能发生反应:

$$2AgCl + (NH_4)_2S \Longrightarrow Ag_2S + 2NH_4Cl$$

⑩ 盐酸与硝酸混合产生氯:

$$10HCl + 2HNO_3 \Longrightarrow 5Cl_2\uparrow + N_2\uparrow + 6H_2O$$

⑪ 碘酸与浓盐酸反应生成下列物质:

$$HIO_3 + 5HCl \Longrightarrow ICl_3 + 3H_2O + Cl_2\uparrow$$

⑫ 盐酸与硝酸反应有下列物质生成:

a. $\quad 3HCl + HNO_3 \Longrightarrow 2H_2O + Cl_2\uparrow + NOCl$

b. $\quad NOCl + H_2O \Longrightarrow HNO_2 + HCl$

c. $\quad HNO_2 + HNO_3 \Longrightarrow N_2O_4 + H_2O$

d. $\quad 3HCl + 2HNO_3 \Longrightarrow Cl_2\uparrow + N_2O_4 + HCl + 2H_2O$

⑬ 盐酸与次氯酸钠溶液反应有氯放出:

$$2HCl + NaOCl \Longrightarrow NaCl + H_2O + Cl_2\uparrow$$

⑭ 盐酸与铁、锌生成氯化物并放出氢:

$$Fe + 2HCl =\!\!=\!\!= FeCl_2 + H_2 \uparrow$$

17. 铯 Cs

① 硝酸铯与二氧化硅混合加热反应有下列物质生成:

$$2CsNO_3 + SiO_2 =\!\!=\!\!= Cs_2SiO_3 + N_2O_5$$

② 氧化铯与水剧烈反应生成氢氧化铯:

$$Cs_2O + H_2O =\!\!=\!\!= 2CsOH$$

③ 碳酸铯与氢氟酸反应有氟化铯生成:

$$Cs_2CO_3 + 2HF =\!\!=\!\!= 2CsF + H_2CO_3$$

④ 碳酸铯与酒石酸溶液混合蒸发后有下列反应:

$$Cs_2CO_3 + 2H_2C_4H_4O_6 =\!\!=\!\!= 2CsHC_4H_4O_6 + H_2O + CO_2 \uparrow$$

⑤ 碳酸铯与氯化锡的水溶液加氢氟酸反应有下列物质生成:

$$Cs_2CO_3 + 6HF + SnCl_4 =\!\!=\!\!= Cs_2SnF_6 + H_2O + CO_2 + 4HCl$$

⑥ 碳酸铯与高碘酸生成高碘酸铯:

$$Cs_2CO_3 + 2HIO_4 =\!\!=\!\!= 2CsIO_4 \downarrow + H_2O + CO_2$$

⑦ 碳酸铯与碘酸反应有碘酸铯生成:

$$Cs_2CO_3 + 2HIO_3 =\!\!=\!\!= 2CsIO_3 \downarrow + H_2O + CO_2$$

⑧ 碘化氢与碳酸铯反应有碘化铯生成:

$$Cs_2CO_3 + 2HI =\!\!=\!\!= 2CsI + H_2O + CO_2$$

⑨ 氢氧化铯与硫化氢反应:

$$2CsOH + H_2S + 2H_2O \longrightarrow Cs_2S \cdot 4H_2O$$

⑩ 氢氧化铯溶液与溴酸反应有溴酸铯生成:

$$CsOH + HBrO_3 \longrightarrow CsBrO_3 + H_2O$$

⑪ 氯化铯溶液与氯化锌溶液反应:

a. $$3CsCl + ZnCl_2 \longrightarrow Cs_3ZnCl_5 \downarrow$$

b. $$2CsCl + ZnCl_2 \longrightarrow Cs_2ZnCl_4 \downarrow$$

⑫ 硫酸铯与溴化钡反应:

$$Cs_2SO_4 + BaBr_2 \longrightarrow BaSO_4 \downarrow + 2CsBr$$

⑬ 氯化铯与酒石酸反应有酒石酸氢铯析出:

$$CsCl + H_2C_4H_4O_6 \longrightarrow CsHC_4H_4O_6 \downarrow + HCl$$

⑭ 溴溶解于溴化铯溶液生成三溴化铯:

$$CsBr + Br_2 \longrightarrow CsBr_3 \downarrow$$

⑮ 溴溶解于氯化铯水溶液反应有下列物质生成:

$$CsCl + Br_2 \longrightarrow CsClBr_2 \downarrow$$

⑯ 碘化铯与溴反应生成溴碘化铯:

$$CsI + Br_2 \longrightarrow CsIBr_2$$

⑰ 溴化铯与溴和碘反应有红色二溴碘化铯析出:

$$2CsBr + Br_2 + I_2 \longrightarrow 2CsBr_2I \downarrow$$

⑱ **氯化铯与溴和碘反应生成黄色结晶析出:**

$$2CsCl + Br_2 + I_2 === 2CsClBrI \downarrow$$

⑲ **氯化铯溶液与碘和氯反应有黄色二氯碘化铯析出:**

$$2CsCl + I_2 + Cl_2 === 2CsCl_2I \downarrow$$

⑳ **碘和氯与氯化铯反应生成黄色结晶析出:**

$$2CsCl + Cl_2 + 3I_2 === 2CsCl_2I_3 \downarrow$$

㉑ **溴化铯与碘化汞反应有黄色沉淀析出:**

$$CsBr + HgI_2 === CsHgBrI_2 \downarrow$$

㉒ **氯化汞与氯化铯反应有无色结晶析出:**

$$CsCl + HgCl_2 === CsHgCl_3 \downarrow$$

㉓ **氯化铯与氯化铜反应生成下列物质:**

$$2CsCl + CuCl_2 === CsCuCl_4 \downarrow$$

㉔ **碳酸铯与高氯酸反应生成高氯酸铯:**

$$Cs_2CO_3 + 2HClO_4 === 2CsClO_4 + H_2O + CO_2$$

㉕ **碳酸铯与硫酸反应:**

$$Cs_2CO_3 + 2H_2SO_4 === 2CsHSO_4 + H_2O + CO_2$$

F

18. 铁 Fe

铁的主要矿石是磁铁矿（Fe_3O_4）、赤铁矿（Fe_2O_3）、褐铁矿 $[Fe_2O_3 \cdot 2Fe(OH)_2]$。

铁的氧化物有 FeO、Fe_2O_3、$Fe_3O_4(FeO \cdot Fe_2O_3)$。

① 金属铁溶解于酸中：

$$Fe + 2HCl \Longrightarrow FeCl_2 + H_2 \uparrow$$

$$Fe + H_2SO_4 \Longrightarrow FeSO_4 + H_2 \uparrow$$

$$4Fe + 10HNO_3 \Longrightarrow 4Fe(NO_3)_2 + N_2O + 5H_2O$$

② 三种氧化铁溶解于酸中：

$$FeO + 2HCl \Longrightarrow FeCl_2 + H_2O$$

$$Fe_2O_3 + 6HCl \Longrightarrow 2FeCl_3 + 3H_2O$$

$$Fe_3O_4 + 8HCl \Longrightarrow 2FeCl_3 + FeCl_2 + 4H_2O$$

在炉渣中大部分铁以亚铁状态存在，有部分形成正铁状态存在。

③ 用酸分解试样：

$$FeO + H_2SO_4 \Longrightarrow FeSO_4 + H_2O$$

$$Fe_2O_3 + 3H_2SO_4 \Longrightarrow Fe_2(SO_4)_3 + 3H_2O$$

④ 通常将三价铁变为二价铁，用还原剂如二氯化锡、金属锌、金属铝，其反应式：

$$2FeCl_3 + SnCl_2 =\!\!=\!\!= 2FeCl_2 + SnCl_4$$

$$2FeCl_3 + Zn =\!\!=\!\!= 2FeCl_2 + ZnCl_2$$

$$3FeCl_3 + Al =\!\!=\!\!= 3FeCl_2 + AlCl_3$$

⑤ 用高锰酸钾溶液或重铬酸钾溶液滴定将二价铁氧化成三价铁的反应式：

$$10FeCl_2 + 2KMnO_4 + 16HCl =\!\!=\!\!=$$
$$10FeCl_3 + 2MnCl_2 + 2KCl + 8H_2O$$

$$10FeSO_4 + 2KMnO_4 + 8H_2SO_4 =\!\!=\!\!=$$
$$5Fe_2(SO_4)_3 + K_2SO_4 + 2MnSO_4 + 8H_2O$$

$$6FeCl_2 + K_2Cr_2O_7 + 14HCl =\!\!=\!\!= 6FeCl_3 + 2CrCl_3 + 2KCl + 7H_2O$$

⑥ 硫酸亚铁可以用来标定溴酸盐的反应式：

$$6FeSO_4 + KBrO_3 + 3H_2SO_4 =\!\!=\!\!= 3Fe_2(SO_4)_3 + KBr + 3H_2O$$

硫酸亚铁在受到大气的影响后形成碱式硫酸亚铁的反应式：

$$4FeSO_4 + O_2 + 2H_2O =\!\!=\!\!= 4FeSO_4(OH)$$

测定碘化亚铁的反应式：

$$H_2O_2 + 2I^- + 2H^+ =\!\!=\!\!= 2H_2O + I_2$$

$$FeI_2 + Ba(OH)_2 =\!\!=\!\!= Fe(OH)_2 + BaI_2$$

$$BaI_2 + Cl_2 =\!\!=\!\!= BaCl_2 + I_2$$

⑦ 用碘量法测定亚铁离子的反应式：

$$2Fe(OH)_2 + I_2 + 2H_2O \Longrightarrow 2Fe(OH)_3 + 2HI$$

⑧ 冶炼厂炉渣中的 $FeSO_3$ 有下列反应发生：

$$4FeSO_3 + 2SO_2 + O_2 \Longrightarrow 2Fe_2(SO_3)_3$$

$$Fe_2(SO_3)_3 \Longrightarrow FeS_2O_6 + FeSO_3$$

$$2FeS_2O_6 + 2S \Longrightarrow 2FeS_3O_6$$

$$2FeS_3O_6 \Longrightarrow FeS_2O_6 + FeS_4O_6$$

$$2FeS_4O_6 \Longrightarrow 2FeS_2O_6 + 4S$$

⑨ 硫酸铜的溶液在电解时，铜沉积在铜阴极上，而硫酸亚铁被氧化为硫酸铁的反应式：

$$2FeSO_4 + CuSO_4 \Longrightarrow Cu\downarrow + Fe_2(SO_4)_3$$

⑩ 硫酸亚铁在碱溶液中与酒石酸的反应式：

$$FeSO_4 + H_6C_4O_6 + 2NaOH \Longrightarrow$$

$$FeC_4O_6H_4 \cdot 2H_2O\downarrow + Na_2SO_4$$

$$FeSO_4 + H_6C_4O_6 + 3NaOH \Longrightarrow FeNaC_4O_6H_3 + Na_2SO_4 + 3H_2O$$

硫酸亚铁在碱性溶液中与氰化钾反应生成亚铁氰化钾的反应式：

$$FeSO_4 + 2KOH \Longrightarrow Fe(OH)_2 + K_2SO_4$$

$$Fe(OH)_2 + 2KCN \Longrightarrow Fe(CN)_2 + 2KOH$$

$$Fe(CN)_2 + 4KCN \Longrightarrow K_4Fe(CN)_6$$

⑪ **硫酸亚铁溶液与硫氰酸钾反应后加入过氧化氢的反应式：**

$$FeSO_4 + 2KSCN === Fe(SCN)_2 + K_2SO_4$$

$$6Fe(SCN)_2 + 3H_2O_2 === 4Fe(SCN)_3 + 2Fe(OH)_3$$

⑫ **铁氰化物与亚铁盐溶液生成黑蓝色铁氰化亚铁沉淀的反应式：**

$$3Fe^{2+} + 2Fe(CN)_6^{3-} === Fe_3[Fe(CN)_6]_2$$

此沉淀不溶解于酸而被碱所分解的反应式：

$$Fe_3[Fe(CN)_6]_2 + 6OH^- === 3Fe(OH)_2 + 2Fe(CN)_6^{3-}$$

⑬ **氢氧化亚铁被氧化为三价铁而铁氰离子被还原为亚铁氰离子的反应式：**

$$Fe(OH)_2 + OH^- + Fe(CN)_6^{3-} === Fe(OH)_3 + Fe(CN)_6^{4-}$$

⑭ **三价铁离子溶液与硫氰酸盐反应生成红色的硫氰酸铁的反应式：**

$$Fe^{3+} + 3SCN^- === Fe(SCN)_3$$

$$Fe(SCN)_3 \rightleftharpoons Fe(SCN)^{2+} + 2SCN^-$$

反应的灵敏度随试剂的过量而增加，而妨碍这个反应的有磷酸盐、硼酸盐、硫酸盐、醋酸盐、草酸盐、酒石酸盐、柠檬酸盐、砷酸盐，因为有机酸与铁离子形成络离子：

$$Fe^{3+} + C_2O_4^{2-} === Fe(C_2O_4)^+$$

$$Fe^{3+} + C_4H_6O_2^{2-} === Fe(C_4H_6O_2)^+$$

当有氯化汞时能漂白红色，其反应式：

$$2Fe(SCN)^{2+} + HgCl_2 = 2Fe^{3+} + Hg(SCN)_2 + 2Cl^-$$

当有亚硝酸盐存在因在酸性溶液中可形成硫氰酸亚硝酸 $NO \cdot SCN$，也呈红色而与铁离子形成的颜色相似，当加热时红色即消失。

硫氰酸铁 $Fe(SCN)_3$ 还原为 $Fe(SCN)_2$，溶液颜色减弱而红色消失。

⑮ **铁盐溶液生成黑蓝色亚铁氰化铁沉淀（称为普鲁士蓝）的反应式：**

$$4Fe^{3+} + 3Fe(CN)_6^{4-} = Fe_4[Fe(CN)_6]_3$$

可被碱分解为 $Fe(OH)_3$：

$$Fe_4[Fe(CN)_6]_3 + 12OH^- = 4Fe(OH)_3 + 3Fe(CN)_6^{4-}$$

铁盐溶液与铁氰化物生成棕色铁氰化铁的反应式：

$$Fe^{3+} + Fe(CN)_6^{3-} = Fe[Fe(CN)_6]$$

⑯ **铁盐与氧化锌生成 $Fe(OH)_3$ 的反应式：**

$$2FeCl_3 + 3ZnO + 3H_2O = 3ZnCl_2 + 2Fe(OH)_3$$

铜铁试剂与铁盐在 HCl 溶液中反应生成红棕色沉淀的反应式：

$$FeCl_3 + 3C_6H_5N(NO)ONH_4 =$$
$$3NH_4Cl + [C_6H_5N(NO)O]_3Fe$$

⑰ **硫氰酸铁溶液的颜色褪色是由于铁的还原：**

$$8Fe(SCN)_3 + 6H_2O = 8Fe(SCN)_2 + 7HSCN + CO_2 + NH_4HSO_4$$

草酸钾与普鲁士蓝反应生成草酸钾铁及亚铁氰化钾的反应式：

$$Fe_4[Fe(CN)_6]_3 + 8K_2C_2O_4 \Longrightarrow$$
$$3K_4Fe(CN)_6 + 4KFe(C_2O_4)_2$$

⑱ **盐酸羟胺能还原硫酸铁的反应式：**

$$2Fe_2(SO_4)_3 + 2NH_2OH \cdot HCl \Longrightarrow$$
$$4FeSO_4 + 2H_2SO_4 + N_2O + H_2O + 2HCl$$

⑲ **铁与盐酸反应式：**

$$Fe + 2HCl \Longrightarrow FeCl_2 + H_2 \uparrow$$

$$Fe_2O_3 + 6HCl \Longrightarrow 2FeCl_2 + 3H_2O$$

三价铁与氯化亚锡反应：

$$2FeCl_3 + SnCl_2 \Longrightarrow 2FeCl_2 + SnCl_4$$

氯化亚锡与氯化汞的反应：

$$SnCl_2 + 2HgCl_2 \Longrightarrow SnCl_4 + 2HgCl$$

二价铁与重铬酸钾的反应式：

$$6FeCl_2 + K_2Cr_2O_7 + 14HCl \Longrightarrow 6FeCl_3 + 2CrCl_3 + 2KCl + 7H_2O$$

⑳ **磷化铁与硫酸、盐酸溶解时在没有氧化剂存在时一部分磷生成 PH_3：**

$$2Fe_3P + 6H_2SO_4 \Longrightarrow 2PH_3 + 3H_2 + 6FeSO_4$$

$$2Fe_3P + 12HCl \Longrightarrow 2PH_3 + 3H_2 + 6FeCl_2$$

㉑ **二氯化铁用硝酸氧化反应式：**

$$2FeCl_2 + H_2NO_3 + 3HCl \Longrightarrow 3FeCl_3 + NO + H_2O$$

三氯化铁与氢氧化钠反应式：

$$FeCl_3 + 3NaOH =\!=\!= Fe(OH)_3 + 3NaCl$$

㉒ **铁与磺基水杨酸反应生成黄色稳定络合物反应式：**

$$HSO_3-\!\!\bigcirc\!\!\begin{array}{l} OH \\ COOH \end{array} + Fe^{3+} =\!=\!= HSO_3-\!\!\bigcirc\!\!\begin{array}{l} OH \\ COO \end{array}\!\!>\frac{1}{3}Fe+H^+$$

㉓ **氧化亚铁与盐酸反应：**

$$FeO + 2HCl =\!=\!= FeCl_2 + H_2O$$

用锌还原三价铁：

$$2FeCl_3 + Zn =\!=\!= 2FeCl_2 + ZnCl_2$$

用铝还原三价铁：

$$3FeCl_3 + Al =\!=\!= 3FeCl_2 + AlCl_3$$

㉔ **二氯化铁用高锰酸钾氧化反应：**

$$10FeCl_2 + 2KMnO_4 + 16HCl =\!=\!= 10FeCl_3 + 2MnCl_2 + 2KCl + 8H_2O$$

㉕ **铬酸与硫酸亚铁反应：**

$$2H_2CrO_4 + 6FeSO_4 + 6H_2SO_4 =\!=\!=$$
$$Cr_2(SO_4)_3 + 3Fe_2(SO_4)_3 + 8H_2O$$

㉖ **磷化铁与硝酸反应：**

$$Fe_3P + 13HNO_3 =\!=\!= 3Fe(NO_3)_3 + 4NO + H_3PO_3 + 5H_2O$$

㉗ **过硫酸铵氧化低价铁：**

$$2FeSO_4 + (NH_4)_2S_2O_8 =\!=\!= Fe_2(SO_4)_3 + (NH_4)_2SO_4$$

氯化亚锡还原三价铁：

$$2Fe(CNS)_3 + SnCl_2 + 6HCl = 2FeCl_2 + SnCl_4 + 6HCNS$$

19. 氟 F

氟化氢的水溶液叫氢氟酸，它的蒸气有刺激臭，有毒。

在较浓的溶液中氢氟酸发生聚合作用生成 H_2F_2 分子，它离解为：$H_2F_2 \rightleftharpoons H^+ + HF_2^-$

氢氟酸能溶解 SiO_2 和硅酸盐，生成气态 SiF_4：

$$SiO_2 + 4HF = 2H_2O + SiF_4 \uparrow$$

$$CaSiO_3 + 6HF = CaF_2 + 3H_2O + SiF_4 \uparrow$$

HF 不能进行氧化反应，也不能进行还原反应。

① 氟化钙与硫酸反应生成氟化氢气体：

$$CaF_2 + H_2SO_4 = CaSO_4 + 2HF \uparrow$$

这个反应如果在试管或其他玻璃仪器中进行，则氢氟酸将浸蚀玻璃，有挥发性四氟化硅形成：

$$CaNa_2Si_6O_{14} + 28HF =$$
$$Na_2SiF_6 + CaSiF_6 + 4SiF_4 \uparrow + 14H_2O$$

当气体四氟化硅与水接触时，则分解为不溶解的原硅酸和氢氟酸：

$$SiF_4 + 4H_2O = H_4SiO_4 + 4HF$$

如同时有 SiF_4 与 HF 作用生成氟硅酸：

常见元素化学反应式

$$SiF_4 + 2HF \!\!=\!\!= H_2SiF_6$$

这些反应通常可以用来检验氟离子。

② **氟化钙与二氧化硅同碳酸钠共熔时反应式：**

$$CaF_2 + SiO_2 + 2Na_2CO_3 \!\!=\!\!= CaCO_3 + Na_2SiO_3 + 2NaF + CO_2$$

③ 当测定氢氟酸和氟硅酸的混合物时， 先加硝酸钾然后用氢氧化钠溶液滴定。 滴定后的溶液加热至约 80℃， 再用氢氧化钠滴定至粉红色终点， 反应如下：

a. $$HF + NaOH \!\!=\!\!= NaF + H_2O$$

b. $$H_2SiF_6 + 2KNO_3 + 2NaOH \!\!=\!\!= K_2SiF_6 + 2NaNO_3 + 2H_2O$$

c. $$K_2SiF_6 + 4NaOH \!\!=\!\!= 4NaF + 2KF + Si(OH)_4$$

氟硅酸在中和时其反应进行如下：

$$H_2SiF_6 + 6NaOH \!\!=\!\!= 6NaF + SiO_2 \downarrow + 4H_2O$$

氢氧化钠能定量地使氟硅酸生成氟化钠：

$$H_2SiF_6 + 6NaOH \!\!=\!\!= 6NaF + H_4SiO_4 + 2H_2O$$

氢氧化钠与氢氟化钠中和有下列反应：

$$NaHF_2 + NaOH \!\!=\!\!= 2NaF + H_2O$$

④ **氟硅酸盐的两性物质与碱性溶液反应：**

$$ZnSiF_6 + 4NaOH \!\!=\!\!= ZnF_2 + 4NaF + 2H_2O + SiO_2 \downarrow$$

$$ZnF_2 + 2H_2O \!\!=\!\!= Zn(OH)_2 \downarrow + 2HF$$

$$HF + NaOH \!\!=\!\!= NaF + H_2O$$

$$Zn(OH)_2 + 2NaOH = Na_2ZnO_2 + 2H_2O$$

⑤ 氟硅酸在过量的氯化钙中性溶液中用氢氧化钠滴定有原硅酸生成：

$$H_2SiF_6 + 3CaCl_2 + 6NaOH = $$
$$3CaF_2 + 6NaCl + H_4SiO_4 + 2H_2O$$

⑥ 氟硅酸加入冰和过量的氯化钾再用氢氧化钠滴定：

a. $$H_2SiF_6 + 2KCl = K_2SiF_6 + 2HCl$$

b. $$HCl + NaOH = NaCl + H_2O$$

⑦ 氟硅酸钾与氢氧化钾定量反应：

$$K_2SiF_6 + 4KOH = 6KF + SiO_2\downarrow + 2H_2O$$

⑧ 氢氟酸与二氧化硅生成四氟化硅：

$$4HF + SiO_2 = SiF_4\uparrow + 2H_2O$$

⑨ 氢氧化铝与氟化钾反应：

$$Al(OH)_3 + 6KF = AlF_3 \cdot 3KF + 3KOH$$

⑩ 在测定氟时常用下列的反应：

$$NaF + PbCl_2 = PbFCl + NaCl$$

⑪ 重铬酸钾与氢氟酸反应生成下列物质：

$$K_2Cr_2O_7 + 2HF = 2CrO_3 + 2KF + H_2O$$

⑫ 二氧化硅与可溶性的氟化物和酸在溶液中反应生成氟硅

酸盐：

$$6NaF + SiO_2 + 4HCl = Na_2SiF_6 + 4NaCl + 2H_2O$$

⑬ 氟硅酸钠作为杀虫剂时，会产生不同的效果。这是由于它含有不同量的碳酸钠的原因，反应能产生氟化钠以致损害柔弱的叶子：

$$Na_2SiF_6 + 2Na_2CO_3 + H_2O = 6NaF + H_2SiO_3 + 2CO_2$$

⑭ 氯化钾溶液与氟化银反应生成氯化银析出

$$AgF + KCl = AgCl\downarrow + KF$$

⑮ 氢氟酸中的氟化铅杂质可用硫酸沉淀除去，反应生成硫酸铅和氢氟酸：

$$H_2SO_4 + PbF_2 = PbSO_4\downarrow + 2HF$$

⑯ KHF₂加热分解成氢氟酸和氟化钾：

$$KHF_2 \xrightarrow{\triangle} HF\uparrow + KF$$

G

20. 锗 Ge

① 三氯锗烷加热发生分解：

$$2GeHCl_3 \xrightarrow{\triangle} 2GeCl_2 + 2HCl$$

② 三氯锗烷与碳酸钠溶液反应被分解：

$$2GeHCl_3 + 3Na_2CO_3 + H_2O == 2Ge(OH)_2 + 6NaCl + 3CO_2 \uparrow$$

③ 锗与氯化汞的混合物共加热时生成下列物质：

$$Ge + 4HgCl_2 \xrightarrow{\triangle} GeCl_4 + 4HgCl$$

④ 锗与溴化汞的混合物共加热生成下列物质：

$$Ge + 4HgBr_2 \xrightarrow{\triangle} GeBr_4 + 4HgBr$$

⑤ 二氧化锗溶与纯氢氟酸在有碳酸钾存在时，生成下列物质：

$$GeO_2 + 6HF + K_2CO_3 == K_2GeF_6 \downarrow + 3H_2O + CO_2 \uparrow$$

⑥ 二氧化锗溶于氢氟酸在有氯化钡存在时生成下列物质：

$$GeO_2 + 6HF + BaCl_2 == BaGeF_6 + 2HCl + 2H_2O$$

⑦ 二氧化锗在 20%氢氟酸中有下列物质生成：

a.
$$GeO_2 + 4HF = GeF_4 + 2H_2O$$

b.
$$GeO_2 + 6HF = H_2GeF_6 + 2H_2O$$

⑧ 碘化氢与 GeI_2 作用时有三碘锗烷生成:

$$GeI_2 + HI = GeHI_3$$

⑨ 碘化氢与氢氧化锗反应生成下列物质:

$$Ge(OH)_2 + 2HI = GeI_2 \downarrow + 2H_2O$$

⑩ 四碘化锗与氨反应生成下列物质:

$$GeI_4 + 6NH_3 = Ge(NH)_2 + 4NH_4I$$

⑪ 四氯化锗与液体氨反应生成下列物质:

$$GeCl_4 + 6NH_3 = Ge(NH)_2 + 4NH_4Cl$$

⑫ 氢氧化锗与过量的氢氧化钠反应生成下列物质:

$$Ge(OH)_2 + NaOH = NaHGeO_2 + H_2O$$

⑬ 三氯锗烷与氢氧化钠反应生成下列物质:

$$GeHCl_3 + 3NaOH = Ge(OH)_2 \downarrow + 3NaCl + H_2O$$

⑭ 二氯化锗与氢氧化钠反应有黄色粉末析出:

$$GeCl_2 + 2NaOH = Ge(OH)_2 \downarrow + 2NaCl$$

⑮ 四溴化锗与氢氧化钠定量反应生成下列物质:

$$GeBr_4 + 6NaOH = Na_2GeO_3 + 4NaBr + 3H_2O$$

⑯ 二氧化锗与氢氧化钾反应生成锗酸钾：

$$GeO_2 + 2KOH == K_2GeO_3 + H_2O$$

⑰ 四溴化锗与氢氧化钾反应生成锗酸钾：

$$GeBr_4 + 4KOH == K_4GeO_4 + 4HBr$$

⑱ 氢化锗在硫酸酸化的溶液中可定量地被高锰酸钾氧化：

$$2GeH + 2KMnO_4 + 3H_2SO_4 == 2GeO_2 + K_2SO_4 + 2MnSO_4 + 4H_2O$$

⑲ 锗与硫酸反应生成下列物质：

$$Ge + 4H_2SO_4 == Ge(SO_4)_2 + 2SO_2 + 4H_2O$$

⑳ 硫酸锗可被水分解为白色二氧化锗和硫酸：

$$Ge(SO_4)_2 + 2H_2O == GeO_2 + 2H_2SO_4$$

㉑ 锗溶于硝酸被氧化：

$$Ge + 4HNO_3 == GeO_2 + 4NO_2 + 2H_2O$$

㉒ 二硫化锗与硝酸反应有下列物质生成：

$$GeS_2 + 4HNO_3 == GeO_2 + 2SO_2\uparrow + 2H_2O + 4NO\uparrow$$

㉓ 锗化镁与盐酸反应有下列物质生成：

$$2Mg_2Ge + 8HCl == 4MgCl_2 + Ge_2H_6 + H_2\uparrow$$

㉔ 二氧化锗与盐酸反应有下列物质生成：

$$GeO_2 + 4HCl == GeCl_4 + 2H_2O$$

㉕ 锗与盐酸反应生成下列物质：

$$Ge + 3HCl = GeHCl_3 + H_2$$

$$Ge + 4HCl = GeCl_4 + 2H_2$$

㉖ 粉状锗与溴在 220℃反应有四溴化锗：

$$Ge + 2Br_2 = GeBr_4$$

㉗ 二氯化锗与溴反应生成四溴化锗和四氯化锗：

$$2GeCl_2 + 2Br_2 = GeBr_4 + GeCl_4$$

21. 镓　Ga

① 镓的定量分析可用 8-羟基喹啉，反应如下列：

$$Ga^{3+} + 3C_9H_7ON = Ga(C_9H_6ON)_3 + 3H^+$$

将生成的 8-羟基喹啉镓溴化，然后用碘量法测定过量的溴：

$$C_9H_7ON + 2Br_2 = C_9H_5Br_2ON + 2H^+ + 2Br^-$$

② 氢氧化镓灼烧后，分解生成氧化镓：

$$2Ga(OH)_3 \xrightarrow{\triangle} Ga_2O_3 + 3H_2O$$

③ 硫酸镓灼烧后分解成三氧化二镓：

$$Ga_2(SO_4)_3 \xrightarrow{\triangle} Ga_2O_3 + 3SO_3$$

④ 三甲基镓与金属钠在液氨中反应生成氨基钠，同时有氢放出，而氨基钠与二分子三甲基镓形成配位化合物：

$$2[(CH_3)_3Ga \cdot NH_3] + Na =$$
$$[Ga(CH_3)_3]_2 \cdot NaNH_2 + 1/2H_2 + NH_3$$

再加更多的钠将还原三甲基镓为负的三甲基镓离子：

$$2[(CH_3)_3Ga \cdot NH_3] + 2Na = Na[Ga(CH_3)_3]_2 + 2NH_3$$

⑤ 氯化二甲基镓与钠在液氨中反应生成二甲基镓：

$$(CH_3)_2GaCl + Na = (CH_3)_2Ga + NaCl$$

⑥ 硫酸镓在酸性溶液中与固体亚硫酸钠混合煮沸生成氢氧化镓沉淀物：

$$Ga_2(SO_4)_3 + 3Na_2SO_3 + 3H_2O = $$
$$2Ga(OH)_3 \downarrow + 3Na_2SO_4 + 3SO_2 \uparrow$$

⑦ 硫酸铵与硫酸镓的溶液生成硫酸镓铵的复盐：

$$Ga_2(SO_4)_3 + (NH_4)_2SO_4 + 24H_2O = $$
$$Ga_2(SO_4)_2 \cdot (NH_4)_2SO_4 \cdot 24H_2O$$

⑧ 氢氧化镓与硒酸加热反应生成硒酸镓沉淀：

$$2Ga(OH)_3 + 3H_2SeO_4 = Ga_2(SeO_4)_3 \downarrow + 6H_2O$$

⑨ 在铁氰化物参加下，三氯化镓用亚铁氰化钾进行电位滴定时反应生成亚铁氰化镓沉淀：

$$4GaCl_3 + 3K_4Fe(CN)_6 = Ga_4[Fe(CN)_6]_3 \downarrow + 12KCl$$

⑩ 在盐酸微酸化中亚铁氰化钾与镓盐溶液在 30℃ 反应 30 分钟有亚铁氰化镓沉淀：

$$4Ga(NO_3)_3 + 3K_4Fe(CN)_6 = Ga_4[Fe(CN)_6]_3 \downarrow + 12KNO_3$$

⑪ 三乙基镓与水反应有乙烷放出，如将盐酸加入上述生成物则有氯化二乙基镓产物：

$$Ga(C_2H_5)_3 + H_2O \Longrightarrow Ga(C_2H_5)_2OH + C_2H_6$$

$$Ga(C_2H_5)_2OH + HCl \Longrightarrow Ga(C_2H_5)_2Cl + H_2O$$

⑫ **氨合三乙基镓与硫酸反应生成硫酸二乙基镓：**

$$2[Ga(C_2H_5)_3 \cdot NH_3] + H_2SO_4 \Longrightarrow$$
$$[Ga(C_2H_5)_2]_2SO_4 + 2NH_3 + 2C_2H_6$$

⑬ **金属镓与冷硝酸变为硝酸镓，加热后即溶解：**

$$Ga + 6HNO_3 \Longrightarrow Ga(NO_3)_3 + 3H_2O + 3NO_2$$

⑭ **金属镓及氧化物与过量的氢氟酸反应蒸发有三水合氟化镓生成：**

$$2Ga + 6HF + 6H_2O \Longrightarrow 2(GaF_3 \cdot 3H_2O) + 3H_2$$

$$Ga_2O_3 + 6HF + 3H_2O \Longrightarrow 2(GaF_3 \cdot 3H_2O)$$

⑮ **金属镓溶解于盐酸生成三氯化镓和氢：**

$$2Ga + 6HCl \Longrightarrow 2GaCl_3 + 3H_2 \uparrow$$

⑯ **三氯化镓与氢氧化钠反应生成水合氧化镓沉淀：**

$$2GaCl_3 + 6NaOH + 3H_2O \Longrightarrow Ga_2O_3 \cdot 6H_2O + 6NaCl$$

⑰ **三氯化镓溶液与过量的氢氧化钠反应生成镓酸钠：**

$$GaCl_3 + 3NaOH \Longrightarrow Ga(OH)_3 \downarrow + 3NaCl$$

$$Ga(OH)_3 + 3NaOH \Longrightarrow Na_3GaO_3 + 3H_2O$$

⑱ **镓盐与氨水反应有氢氧化镓沉淀：**

$$Ga_2(SO_4)_3 + 6NH_4OH \Longrightarrow 2Ga(OH)_3 \downarrow + 3(NH_4)_2SO_4$$

⑲ 镓酸钠用盐酸处理加入过量的氢氧化铵有氢氧化镓沉淀：

$$Na_3GaO_3 + 6HCl = GaCl_3 + 3NaCl + 3H_2O$$

$$GaCl_3 + 3NH_4OH = Ga(OH)_3 \downarrow + 3NH_4Cl$$

⑳ 氨合三乙基镓与氢氧化钾反应加热生成氢氧化二基乙镓的钾盐：

$$Ga(C_2H_5)_3 \cdot NH_3 + KOH =$$
$$Ga(C_2H_5)_2OH + KNH_2 + C_2H_6$$

$$Ga(C_2H_5)_2OH + KOH = Ga(C_2H_5)_2OK + H_2O$$

㉑ 三氯化镓与氢氧化钠反应生成水合氧化镓沉淀：

$$2GaCl_3 + 6NaOH + 3H_2O = Ga_2O_3 \cdot 6H_2O + 6NaCl$$

H

22. 汞　Hg

① 硫酸与汞发生下列反应：

$$Hg + 2H_2SO_4 \Longrightarrow HgSO_4 + 2H_2O + SO_2\uparrow$$

② 硫氰酸钾溶液与硝酸汞反应生成下列物质：

$$2KSCN + Hg(NO_3)_2 \Longrightarrow 2KNO_3 + Hg(SCN)_2$$

③ 氯化汞与甲酸钠反应生成下列物质：

$$2HgCl_2 + HCOONa \Longrightarrow Hg_2Cl_2 + NaCl + HCl + CO_2\uparrow$$

④ 氯化汞与硫化氢生成硫化汞：

$$HgCl_2 + H_2S \Longrightarrow HgS\downarrow + 2HCl$$

⑤ 氢氧化锌与硝酸汞溶液反应有黄色氧化汞析出：

$$Hg(NO_3)_2 + Zn(OH)_2 \Longrightarrow HgO\downarrow + Zn(NO_3)_2 + H_2O$$

⑥ 氯化汞与氢氧化钠反应生成氧化汞：

$$HgCl_2 + 2NaOH \Longrightarrow HgO\downarrow + 2NaCl + H_2O$$

⑦ 氯化汞在过氧化氢存在下可被氢氧化钠分解：

$$HgCl_2 + H_2O_2 + 2NaOH \Longrightarrow 2H_2O + 2NaCl + Hg + O_2\uparrow$$

⑧ 硫化汞与氢硫化钾和氢氧化钾反应生成 Hg（SK）$_2$：

$$HgS + KSH + KOH \Longrightarrow Hg(SK)_2 + H_2O$$

⑨ 氯化汞与氯化亚锡反应生成氯化亚汞：

$$2HgCl_2 + SnCl_2 \Longrightarrow SnCl_4 + Hg_2Cl_2$$

⑩ 氰化钾与氯化汞反应：

$$HgCl_2 + 2KCN \Longrightarrow Hg(CN)_2 + 2KCl$$

氰化钾与盐酸反应生成氢氰酸：

$$KCN + HCl \Longrightarrow HCN + KCl$$

⑪ 甲醛与氰化汞的碱性溶液反应有定量的汞还原：

$$Hg(CN)_2 + HCHO + 3KOH \Longrightarrow HCOOK + 2KCN + 2H_2O + Hg\downarrow$$

⑫ 氧化汞与硫代硫酸钠溶液反应生成硫代硫酸汞钠：

$$HgO + 2Na_2S_2O_3 + H_2O \Longrightarrow Na_2Hg(S_2O_3)_2 + 2NaOH$$

⑬ 草酸盐与氯化汞发生氧化反应：

$$2HgCl_2 + Na_2C_2O_4 \Longrightarrow Hg_2Cl_2 + 2NaCl + 2CO_2\uparrow$$

⑭ 氯化汞的水溶液与草酸反应被还原为氯化亚汞：

$$2HgCl_2 + H_2C_2O_4 \Longrightarrow Hg_2Cl_2\uparrow + 2HCl + 2CO_2\uparrow$$

⑮ 氧化汞与硝酸反应：

$$HgO + 2HNO_3 \Longrightarrow Hg(NO_3)_2 + H_2O$$

⑯ 碘化钾与碘化汞反应有络合物形成，溴化钾与溴化汞有同样的反应：

a.　　　　$HgI_2 + 2KI =\!=\!= HgI_2 \cdot 2KI$

b.　　　　$HgBr_2 + 10KBr =\!=\!= HgBr_2 \cdot 10KBr$

⑰ 碘化钾与氰化汞反应生成下列物质：

a.　　　　$Hg(CN)_2 + 4KI =\!=\!= K_2HgI_4 + 2KCN$

b.　　　　$KCN + H_2O =\!=\!= KOH + HCN$

c.　　　　$KOH + HCl =\!=\!= KCl + H_2O$

⑱ 氧化汞与醋酸反应如下，再通入硫化氢生成硫化汞：

a.　　$HgO + 2HC_2H_3O_2 =\!=\!= Hg(C_2H_3O_2)_2 + H_2O$

b.　　$Hg(C_2H_3O_2)_2 + H_2S =\!=\!= 2HC_2H_3O + HgS\downarrow$

⑲ 氯化汞溶液在空气中变为氯化亚汞：

$$2HgCl_2 + H_2O =\!=\!= Hg_2Cl_2 + 2HCl + [O]$$

⑳ 氯化汞与碘化钾反应，再加乙二胺铜生成黑蓝紫色的沉淀物：

a.　　　　$HgCl_2 + 4KI =\!=\!= K_2[HgI_4] + 2KCl$

b. $K_2[HgI_4] + Cu(NH_2 \cdot CH_2 \cdot CH_2 \cdot NH_2)_2SO_4 =\!=\!=$

　　　$Cu(NH_2 \cdot CH_2 \cdot CH_2 \cdot NH_2)_2 \cdot HgI_4 \downarrow + K_2SO_4$

㉑ 在中性或微酸性下汞盐与二苯卡巴肼生成蓝色或淡蓝紫色的沉淀，其反应如下：

$$2\ \underset{NHNHC_6H_5}{\overset{NHNHC_6H_5}{C=O}} + 3Hg^{2+} = \left[\ \underset{NHNHgC_6H_5}{\overset{NHNHC_6H_5}{C=O}}\right]_2 Hg + 2H^+$$

㉒ **铜能将汞盐中汞置换出来:**

$$Hg^{2+} + Cu = Hg + Cu^{2+}$$

㉓ **硝酸汞与水生成碱式盐:**

$$Hg(NO_3)_2 + H_2O = HNO_3 + Hg(OH)NO_3$$

$$2Hg(NO_3)_2 + 2H_2O = Hg_2O(OH)NO_3 + 3HNO_3$$

㉔ **汞盐与铬酸根离子反应生成黄色铬酸汞析出:**

$$Hg^{2+} + CrO_4^{2-} = HgCrO_4 \downarrow$$

㉕ **硝酸汞溶液与重铬酸根离子生成黄色铬酸汞沉淀:**

$$2Hg^{2+} + Cr_2O_7^{2-} + H_2O = 2HgCrO_4 \downarrow + 2H^+$$

铬酸汞加热分解:

$$4HgCrO_4 \xrightarrow{\triangle} 2Cr_2O_3 + 4Hg + 5O_2 \uparrow$$

I

23. 铱　Ir

① 氰化钾与 K_2IrCl_6 溶液生成氰高铱酸钾：

$$K_2IrCl_6 + 6KCN =\!\!= K_2Ir(CN)_6 + 6KCl$$

② 氯化铵与 Na_2IrCl_6 或 $IrCl_4$ 反应有黑红色氯高铱酸铵沉淀，后者不溶于氯化铵饱和溶液中：

a.　$Na_2IrCl_6 + 2NH_4Cl =\!\!= (NH_4)_2IrCl_6 \downarrow + 2NaCl$

b.　　　$IrCl_4 + 2NH_4Cl =\!\!= (NH_4)_2IrCl_6 \downarrow$

③ 氯高铱酸钾与碘化钾反应有碘析出同时有氯铱酸钾生成：

$$2K_2IrCl_6 + 2KI =\!\!= 2K_3IrCl_6 + I_2$$

④ Na_2IrCl_6 与草酸钠反应生成下列物质：

$$2Na_2IrCl_6 + 2Na_2C_2O_4 =\!\!= 2Na_3IrCl_4(C_2O_4) + 2NaCl + Cl_2 \uparrow$$

⑤ Li_2IrCl_6 与草酸锂共热生成黑色潮解性结晶物质：

$$2Li_2IrCl_6 + Li_2C_2O_4 =\!\!= 2Li_3IrCl_6 + 2CO_2 \uparrow$$

⑥ K_3IrCl_6 与草酸钾的中性溶液反应生成下列物质：

$$K_3IrCl_6 + 3K_2C_2O_4 =\!\!= K_3Ir(C_2O_4)_3 + 6KCl$$

⑦ K_2IrCl_6 与草酸反应将其蒸发至干有 $K_2(H_2O)IrCl_5$ 结晶形成:

$$2K_2IrCl_6 + H_2C_2O_4 + 2H_2O == 2K_2(H_2O)IrCl_5 + 2CO_2\uparrow + 2HCl$$

⑧ 三氧化二铱溶解于稀硫酸有硫酸铱物质生成:

$$Ir_2O_3 + 3H_2SO_4 == Ir_2(SO_4)_3\downarrow + 3H_2O$$

⑨ 四氯化铱的酸性溶液中加入金属锌有铱沉淀析出，此反应可把铱从溶液中分离出来，用王水溶解沉淀生成 K_2IrCl_6:

$$IrCl_4 + 2Zn == 2ZnCl_2 + Ir$$

⑩ 四氯化铱在碱性溶液中通入氯气反应生成四氢氧化铱:

$$IrCl_4 + 6NaOH + Cl_2 == Ir(OH)_4\downarrow + NaOCl + 5NaCl + H_2O$$

⑪ 氢氧化钠与四氯化铱或氯高铱酸钠的溶液反应，由黑红色变至绿色，加热时又变至天青蓝色:

$$2IrCl_4 + 2NaOH == 2IrCl_3 + NaCl + NaOCl + H_2O$$

⑫ 氯铱酸钠与亚硝酸钠加热时反应生成亚硝基铱酸钠:

$$Na_3IrCl_6 + 4NaNO_2 == Na_3IrCl_2(NO_2)_4 + 4NaCl$$

⑬ 三氯化铱与碳酸氢钠反应生成凝絮状胶体沉淀:

$$2IrCl_3 + 6NaHCO_3 == Ir_2O_3\cdot H_2O\downarrow + 6NaCl + 6CO_2 + 2H_2O$$

⑭ 碳酸氢钠与加热至沸的四价铱离子溶液反应生成深绿色的水合氧化物沉淀:

$$IrCl_4 + 4NaHCO_3 == IrO_2\cdot 2H_2O\downarrow + 4NaCl + 4CO_2\uparrow$$

常见元素化学反应式

⑮ 在 360~400℃时，将氯通过金属铱上反应生成六氯化铱淡绿黄色固体：

$$Ir + 3Cl_2 \longrightarrow IrCl_6$$

⑯ 加热，在低红热状态下将氯通至混合有氯化钠或氯化钾的铱金属上反应生成四氯化铱物质：

$$Ir + 2Cl_2 \longrightarrow IrCl_4$$

24. 铟 In

① 硫酸铟溶液中加入乙醇反应生成碱式硫酸铟：

$$In_2(SO_4)_3 + 2C_2H_5OH + 5H_2O \longrightarrow$$
$$In_2O(SO_4)_2 \cdot 6H_2O \downarrow + (C_2H_5)_2SO_4$$

② 氟化铟和三氧化二铟在氢气流中加热都还原出铟：

a. $\qquad 2InF_3 + 3H_2 \longrightarrow 2In \downarrow + 6HF$

b. $\qquad In_2O_3 + 3H_2 \longrightarrow 2In \downarrow + 3H_2O$

③ 铟盐溶液与金属锌反应有白色光泽的铟析出：

$$2InCl_3 + 3Zn \longrightarrow 2In \downarrow + 3ZnCl_2$$

④ 草酸钠与三氯化铟反应生成白色结晶草酸铟：

$$2InCl_3 + 3Na_2C_2O_4 \longrightarrow In_2(C_2O_4)_3 \downarrow + 6NaCl$$

⑤ 三氯化铟与磷酸氢二钠反应生成白色沉淀：

$$2InCl_3 + 3Na_2HPO_4 \longrightarrow In_2(HPO_4)_3 \downarrow + 6NaCl$$

⑥ **碳酸铵与三氯化铟反应生成碳酸铟:**

$$2InCl_3 + 3(NH_4)_2CO_3 = In_2(CO_3)_3 \downarrow + 6NH_4Cl$$

⑦ **三氯化铟与铬酸钾反应生成黄色沉淀:**

$$3K_2CrO_4 + 2InCl_3 = In_2(CrO_4)_3 \downarrow + 6KCl$$

⑧ **硫酸铟与硫化氢反应生成黄色硫化铟沉淀:**

$$In_2(SO_4)_3 + 3H_2S = In_2S_3 \downarrow + 3H_2SO_4$$

⑨ **三氯化铟与硫化氢在醋酸或中性溶液中反应生成黄色三硫化二铟沉淀:**

$$2InCl_3 + 3H_2S = In_2S_3 \downarrow + 6HCl$$

⑩ **溴化铟遇水分解生成三溴化铟和铟:**

$$3InBr \xrightarrow{H_2O} InBr_3 + 2In$$

⑪ **硫酸铟与氢氧化铵反应生成氢氧化铟沉淀:**

$$In_2(SO_4)_3 + 6NH_4OH = 2In(OH)_3 \downarrow + 3(NH_4)_2SO_4$$

氢氧化铟沉淀经灼烧变为三氧化二铟:

$$2In(OH)_3 \xrightarrow{\triangle} In_2O_3 + 3H_2O$$

⑫ **金属铟溶解于硝酸生成硝酸铟:**

$$2In + 6HNO_3 = 2In(NO_3)_3 + 3H_2$$

硝酸铟用氢氧化铵处理生成氢氧化铟:

$$In(NO_3)_3 + 3NH_4OH = In(OH)_3 \downarrow + 3NH_4NO_3$$

⑬ 盐酸与金属铟反应生成三氯化铟：

$$2In + 6HCl \xlongequal{\quad} 2InCl_3 + 3H_2 \uparrow$$

⑭ 三氧化二铟与盐酸反应生成三氯化铟：

$$In_2O_3 + 6HCl \xlongequal{\quad} 2InCl_3 + 3H_2O$$

⑮ 金属铟与硫酸反应生成硫酸铟、氢气：

$$2In + 3H_2SO_4 \xlongequal{\quad} In_2(SO_4)_3 + 3H_2 \uparrow$$

⑯ 硫酸与氢氧化铟反应生成硫酸铟：

$$2In(OH)_3 + 3H_2SO_4 \xlongequal{\quad} In_2(SO_4)_3 + 6H_2O$$

⑰ 金属铟与稀高氯酸反应生成水合物，高氯酸铟析出：

$$2In + 6HClO_4 + 16H_2O \xlongequal{\quad} 2In(ClO_4)_3 \cdot 8H_2O \downarrow + 3H_2$$

⑱ 三氯化铟和碘酸钾生成碘酸铟沉淀：

$$InCl_3 + 3KIO_3 \xlongequal{\quad} In(IO_3)_3 \downarrow + 3KCl$$

⑲ 氢氧化钾与三氯化铟反应有下列产物生成：

$$InCl_3 + 3KOH \xlongequal{\quad} In(OH)_3 \downarrow + 3KCl$$

⑳ 氢氧化钠与三氯化铟反应有下列产物生成：

$$InCl_3 + 3NaOH \xlongequal{\quad} In(OH)_3 \downarrow + 3NaCl$$

K

25. 钾 K

① 金属钾与乙醇反应有氢气放出：

$$2C_2H_5OH + 2K =\!\!=\!\!= 2C_2H_5OK + H_2\uparrow$$

② 氯铂酸与钾盐浓溶液中可生成黄色结晶氯铂酸钾：

$$2K^+ + PtCl_6^{2-} =\!\!=\!\!= K_2PtCl_6$$

③ 氯铂酸钾溶于水，不溶于乙醇，这种性质很重要。利用这种性质可将钾和钠分离。

氯铂酸钾灼烧分解成氯化钾和铂、氯：

$$K_2PtCl_6 =\!\!=\!\!= 2KCl + Pt + 2Cl_2\uparrow$$

④ 亚硝酸钴钠与醋酸醇化的钾盐溶液反应生成黄色的亚硝酸钴钾钠沉淀：

$$Co(NO_2)_6^{3-} + 2K^+ + Na^+ =\!\!=\!\!= NaK_2Co(NO_2)_6\downarrow$$

$$Na_3Co(NO_2)_6(过量) + 2KCl =\!\!=\!\!= NaK_2Co(NO_2)_6\downarrow + 2NaCl$$

⑤ 亚硝酸钴钠与过量的钾盐生成亚硝酸钴钾

$$N_3Co(NO_2)_6 + 3KCl（过量）=\!\!=\!\!= K_3Co(NO_2)_6 + 3NaCl$$

⑥ 硫酸铜溶液与硫代硫酸钾反应生成蓝色硫代硫酸铜

沉淀：

$$K_2S_2O_3 + CuSO_4 \xrightarrow{\quad\quad} CuS_2O_3 \downarrow + K_2SO_4$$

⑦ 硫酸铝与硫酸钾溶液混合后有硫酸铝钾矾：

$$K_2SO_4 + Al_2(SO_4)_3 + 24H_2O \xrightarrow{\quad\quad} 2KAl(SO_4)_2 \cdot 12H_2O$$

⑧ 硝酸汞溶液与碘化钾生成碘化汞，如果碘化汞再与碘化钾作用生成 K_2HgI_4：

a.　　　　$Hg(NO_3)_2 + 2KI \xrightarrow{\quad\quad} 2KNO_3 + HgI_2$

b.　　　　$HgI_2 + 2KI \xrightarrow{\quad\quad} K_2HgI_4$

⑨ 二氧化锰与氯酸钾生成高锰酸钾：

$$2KClO_3 + 2MnO_2 \xrightarrow{\quad\quad} 2KMnO_4 + Cl_2 + O_2 \uparrow$$

⑩ 氢氧化钾与硫化氢生成硫化钾：

$$2KOH + H_2S \xrightarrow{\quad\quad} K_2S + 2H_2O$$

⑪ 硫化氢与碳酸钾溶液生成硫氢化钾及碳酸氢钾

$$K_2CO_3 + H_2S \xrightarrow{\quad\quad} KHS + KHCO_3$$

⑫ 氯酸钾与二氧化锰加热时生成氧：

a.　　$2MnO_2 + 2KClO_3 \xrightarrow{\quad\quad} K_2Mn_2O_8 + Cl_2 + O_2 \uparrow$

b.　　$K_2Mn_2O_8 \xrightarrow{\quad\quad} K_2MnO_4 + MnO_2 + O_2 \uparrow$

c.　　$K_2MnO_4 + Cl_2 \xrightarrow{\quad\quad} 2KCl + MnO_2 + O_2 \uparrow$

⑬ 甲醛水溶液与氯酸钾反应生成下列物质：

$$2KClO_3 + 3HCHO \xrightarrow{\quad\quad} 2KCl + 3H_2O + 3CO_2 \uparrow$$

⑭ 碘化钾与稀盐酸在有氧参加下有碘析出：

$$4KI + 4HCl + O_2 =\!=\!= 4KCl + 2H_2O + 2I_2$$

⑮ 溴酸钾在硫酸中与溴化钾反应有溴析出：

$$KBrO_3 + 5KBr + 3H_2SO_4 =\!=\!= 3K_2SO_4 + 3H_2O + 3Br_2$$

⑯ 溴酸钾在硫酸溶液与碘化钾反应析出碘：

$$KBrO_3 + 6KI + 3H_2SO_4 =\!=\!= 3H_2O + 3K_2SO_4 + KBr + 3I_2$$

⑰ 碘酸钾与碘化钾在稀硫酸中反应析出碘：

$$KIO_3 + 5KI + 6H_2SO_4 =\!=\!= 6KHSO_4 + 3H_2O + 3I_2$$

⑱ 硫酸溶液与高锰酸钾反应有硫酸钾、硫酸锰、氧气：

$$4KMnO_4 + 6H_2SO_4 =\!=\!= 2K_2SO_4 + 4MnSO_4 + 6H_2O + 5O_2\uparrow$$

⑲ 硫酸溶液与重铬酸钾反应生成下列物质：

$$2K_2Cr_2O_7 + 8H_2SO_4 =\!=\!= 2K_2SO_4 + 2Cr_2(SO_4)_3 + 8H_2O + 3O_2\uparrow$$

⑳ 碘化钾与盐酸反应有下列物质生成：

$$KI + HCl =\!=\!= KCl + HI$$

㉑ 硫酸溶液与氯化钾生成下列物质：

a. $$KCl + H_2SO_4 =\!=\!= KHSO_4 + HCl$$

b. $$KCl + KHSO_4 =\!=\!= K_2SO_4 + HCl$$

㉒ 氟硅酸与钾盐溶液生成胶性氟硅酸钾：

$$SiF_6^{2-} + 2K^+ =\!=\!= K_2SiF_6$$

加热时可分解为挥发性氟化硅、氟化钾：

$$K_2SiF_6 =\!=\!= 2KF + SiF_4 \uparrow$$

㉓ **硫酸铜溶液与硫代硫酸钾反应有蓝色硫代硫酸铜析出：**

$$K_2S_2O_3 + CuSO_4 =\!=\!= CuS_2O_3 \downarrow + K_2SO_4$$

㉔ **硝酸汞溶液与碘化钾生成碘化汞，碘化汞再与碘化钾生成碘化汞钾：**

$$Hg(NO_3)_2 + 2KI =\!=\!= 2KNO_3 + HgI_2$$

$$HgI_2 + 2KI =\!=\!= K_2HgI_4$$

L

26. 锂 Li

① 碳酸锂的水溶液迅速通入二氧化碳气流生成碳酸氢锂:

$$Li_2CO_3 + CO_2 + H_2O \Longrightarrow 2LiHCO_3$$

② 硫酸锂与硫酸钠水溶液生成复盐:

$$4Li_2SO_4 + Na_2SO_4 + 5H_2O \Longrightarrow (Li_2SO_4)_4 \cdot Na_2SO_4 \cdot 5H_2O$$

③ 硫酸铵、硫酸水溶液与硫酸锂反应生成下列物质:

$$3Li_2SO_4 + (NH_4)_2SO_4 + 4H_2SO_4$$
$$\Longrightarrow (NH_4)_2SO_4 \cdot (Li_2SO_4)_3 \cdot 4H_2SO_4$$

④ 硫酸钾溶液与硫酸锂反应生成结晶:

$$4Li_2SO_4 + K_2SO_4 + 5H_2O \Longrightarrow K_2Li_8(SO_4)_5 \cdot 5H_2O$$

⑤ 高锰酸钡与硫酸锂生成高锰酸锂:

$$Ba(MnO_4)_2 + Li_2SO_4 \Longrightarrow 2LiMnO_4 + BaSO_4 \downarrow$$

⑥ 硝酸与碳酸锂反应分解生成硝酸锂:

$$Li_2CO_3 + 2HNO_3 \Longrightarrow 2LiNO_3 + H_2O + CO_2 \uparrow$$

⑦ 硝酸与氟化锂反应生成一水合硝酸锂:

$$Li_2F_2 + 2HNO_3 + H_2O \Longrightarrow (LiNO_3)_2 \cdot H_2O + 2HF$$

⑧ 氢氧化钙与碳酸锂生成氢氧化锂：

$$Li_2CO_3 + Ca(OH)_2 \xlongequal{\quad} 2LiOH + CaCO_3 \downarrow$$

⑨ 硅酸锂与硅酸钙生成双原硅酸盐：

$$Li_4SiO_4 + Ca_2SiO_4 \xlongequal{\quad} Li_4SiO_4 \cdot Ca_2SiO_4$$

⑩ 草酸溶液与碳酸锂生成下列物质：

$$Li_2CO_3 + H_2C_2O_4 \xlongequal{\quad} Li_2C_2O_4 + H_2O + CO_2 \uparrow$$

⑪ 高碘酸与碳酸锂溶液反应生成下列物质：

$$2Li_2CO_3 + 2HIO_4 + 2H_2O \xlongequal{\quad} Li_4I_2O_9 \cdot 3H_2O + 2CO_2$$

⑫ 氢氧化锂与碘酸中和生成碘酸锂：

$$LiOH + HIO_3 \xlongequal{\quad} LiIO_3 \cdot H_2O$$

⑬ 高氯酸与氢氧化锂生成高氯酸锂：

$$LiOH + HClO_4 \xlongequal{\quad} LiClO_4 + H_2O$$

⑭ 氯化铵溶液与磷酸锂反应生成下列物质：

$$Li_3PO_4 + 2NH_4Cl \xlongequal{\quad} LiH_2PO_4 + 2LiCl + 2NH_3$$

⑮ 氯化铜溶液与氯化锂溶液生成暗红色结晶物质：

$$LiCl + CuCl_2 + 2H_2O \xlongequal{\quad} CuCl_2 \cdot LiCl \cdot 2H_2O$$

⑯ 焦磷酸钠与硫酸锂反应生成焦磷酸锂：

$$2Li_2SO_4 + Na_4P_2O_7 \cdot 10H_2O \xlongequal{\quad}$$
$$Li_4P_2O_7 \cdot 8H_2O + 2Na_2SO_4 + 2H_2O$$

⑰ 氟化铵溶液与氯化锂生成白色胶状氟化锂：

$$LiCl + NH_4F \rightleftharpoons LiF + NH_4Cl$$

⑱ 锂溶解于盐酸中有氢放出：

$$2Li + 2HCl \rightleftharpoons 2LiCl + H_2\uparrow$$

⑲ 用盐酸溶液滴定磷酸二铵锂生成磷酸二氢锂：

$$Li(NH_4)_2PO_4 + 2HCl \rightleftharpoons LiH_2PO_4 + 2NH_4Cl$$

⑳ 碳化锂与水反应生成乙炔：

$$Li_2C_2 + 2H_2O \rightleftharpoons 2LiOH + C_2H_2\uparrow$$

㉑ 氧化锂与水生成氢氧化锂：

$$Li_2O + H_2O \rightleftharpoons 2LiOH$$

㉒ 硅化锂与水作用生成硅酸锂：

a. $$Li_6Si_2 + 6H_2O \rightleftharpoons H_6Si_2 + 6LiOH$$

b. $$4LiOH + H_6Si_2 + 2H_2O \rightleftharpoons 2Li_2SiO_3 + 7H_2\uparrow$$

㉓ 醋酸锂溶液与磷酸反应生成磷酸锂：

$$3CH_3COOLi + H_3PO_4 \rightleftharpoons Li_3PO_4\downarrow + 3CH_3COOH$$

㉔ 磷酸溶液与氢氧化锂生成磷酸氢二锂：

$$2LiOH + H_3PO_4 \rightleftharpoons Li_2HPO_4 + 2H_2O$$

㉕ 磷酸氢二钠与氯化锂生成磷酸锂沉淀（在碱中沉淀完全）：

$$3LiCl + Na_2HPO_4 \rightleftharpoons Li_3PO_4\downarrow + 2NaCl + HCl$$

M

27. 镁 Mg

镁在自然界中分布很广，主要以碳酸镁的形态存在，构成菱镁矿（$MgCO_3$）、白云石（$MgCO_3 \cdot CaCO_3$）和光卤石（$KCl \cdot MgCl_2 \cdot 6H_2O$）。

① 氟硅酸镁的水解反应：

$$MgSiF_6 + 2H_2O \rule[0.5ex]{1.5em}{0.4pt} Mg(OH)_2 + H_2SiF_6$$

② 磷酸水溶液与氨性氯化镁溶液反应生成磷酸铵镁沉淀：

$$MgCl_2 + H_3PO_3 + 3NH_4OH \rule[0.5ex]{1.5em}{0.4pt}$$
$$MgNH_4PO_4 \downarrow + 2NH_4Cl + 3H_2O$$

③ 硫酸能定量与磷酸铵镁反应而测定镁：

$$H_2SO_4 + MgNH_4PO_4 \rule[0.5ex]{1.5em}{0.4pt} NH_4H_2PO_4 + MgSO_4$$

④ 氧化镁与硫酸反应有硫酸镁生成：

$$H_2SO_4 + MgO \rule[0.5ex]{1.5em}{0.4pt} MgSO_4 + H_2O$$

⑤ 热硫酸与氟硅酸镁反应生成硫酸镁：

$$MgSiF_6 + H_2SO_4 \rule[0.5ex]{1.5em}{0.4pt} MgSO_4 + SiF_4 + 2HF$$

⑥ 硝酸镁与碳酸钠溶液反应生成碳酸镁析出：

$$Mg(NO_3)_2 + Na_2CO_3 \rule[0.5ex]{1.5em}{0.4pt} MgCO_3 \downarrow + 2NaNO_3$$

干燥并灼烧碳酸镁得到纯粹的氧化镁：

$$MgCO_3 \xrightarrow{\triangle} MgO + CO_2 \uparrow$$

⑦ 金属镁与硝酸反应生成硝酸镁：

$$Mg + 2HNO_3 = Mg(NO_3)_2 + H_2 \uparrow$$

灼烧硝酸镁得氧化镁：

$$Mg(NO_3)_2 \xrightarrow{\triangle} MgO + N_2O \uparrow + 2O_2 \uparrow$$

⑧ 金属镁与盐酸反应产生氢气：

$$Mg + 2HCl = MgCl_2 + H_2 \uparrow$$

⑨ 氯化金溶液与镁反应有金析出：

$$2AuCl_3 + 4Mg + 2H_2O = 2Au \downarrow + 3MgCl_2 + H_2 \uparrow + Mg(OH)_2$$

⑩ 将氮气与镁加热生成氮化镁再水解成氨，最后用次氯酸钙把氨氧化成纯氮气：

$$3Mg + N_2 \xrightarrow{\triangle} Mg_3N_2$$

$$Mg_3N_2 + 6H_2O = 2NH_3 + 3Mg(OH)_2$$

$$4NH_3 + 3Ca(OCl)_2 = 2N_2 \uparrow + 3CaCl_2 + 6H_2O$$

⑪ 用氢氧化钙或氧化钙从海水中提取镁：

$$MgSO_4 + MgCl_2 + 2Ca(OH)_2 = 2Mg(OH)_2 \downarrow + CaCl_2 + CaSO_4$$

⑫ 镁能与氢氧化钾剧烈反应将钾还原析出：

$$2KOH + 2Mg = 2K + H_2 \uparrow + 2MgO$$

⑬ 从白云石制取氧化镁有下列反应式：

a. $MgCO_3 \cdot CaCO_3 \xrightarrow{\triangle} MgO \cdot CaO + 2CO_2 \uparrow$

b. $MgO \cdot CaO + 2H_2O \Longrightarrow Mg(OH)_2 \cdot Ca(OH)_2$

c. $Mg(OH)_2 \cdot Ca(OH)_2 + 2NH_4Cl \Longrightarrow$

$$Mg(OH)_2 + CaCl_2 + 2NH_4OH$$

28. 锰　Mn

① 锰化物与酸反应：

$$MnS + H_2SO_4 \Longrightarrow MnSO_4 + H_2S \uparrow$$

② 在一定浓度的硝酸中，氯酸盐与硝酸锰反应，二氧化锰完全沉淀析出，其反应式：

$$KClO_3 + HNO_3 \Longrightarrow HClO_3 + KNO_3$$

$$Mn(NO_3)_2 + 2HClO_3 + H_2O \Longrightarrow$$
$$MnO_2 \cdot H_2O \downarrow + 2ClO_2 + 2HNO_3$$

$$2ClO_2 \Longrightarrow Cl_2 + 2O_2$$

将二氧化锰的沉淀溶解在过量的硫酸亚铁溶液中，其反应式：

$$MnO_2 + 2FeSO_4 + 2H_2SO_4 \Longrightarrow MnSO_4 + Fe_2(SO_4)_3 + 2H_2O$$

$$10FeSO_4 + 2KMnO_4 + 8H_2SO_4 \Longrightarrow$$
$$5Fe_2(SO_4)_3 + 2MnSO_4 + K_2SO_4 + 8H_2O$$

③ 已知浓度的高锰酸钾标准溶液来标定硫代硫酸钠溶液的

反应式：

$$2KMnO_4 + 10KI + 16HC_2H_3O_2 =\!=$$

$$12KC_2H_3O_2 + 2Mn(C_2H_3O_2)_2 + 5I_2 + 8H_2O$$

$$2Na_2S_2O_3 + I_2 =\!= Na_2S_4O_6 + 2NaI$$

④ **二氧化锰不溶解于硝酸，而加入亚硫酸钠可促使其还原、溶解的反应式：**

$$MnO_2 + Na_2SO_3 + 2HNO_3 =\!=$$

$$Mn(NO_3)_2 + Na_2SO_4 + H_2O$$

高锰酸与盐酸反应式：

$$2HMnO_4 + 14HCl =\!= 2MnCl_2 + 5Cl_2\uparrow + 8H_2O$$

二氧化锰与盐酸反应式：

$$MnO_2 + 4HCl =\!= MnCl_2 + Cl_2\uparrow + 2H_2O$$

二氧化锰与浓硫酸加热的反应式：

$$2MnO_2 + 2H_2SO_4 =\!= 2H_2O + 2MnSO_4 + O_2\uparrow$$

⑤ **高锰酸钾在酸性溶液中与过氧化氢反应式：**

$$2KMnO_4 + 3H_2SO_4 + 5H_2O_2 =\!=$$

$$K_2SO_4 + 2MnSO_4 + 8H_2O + 5O_2\uparrow$$

⑥ **高锰酸钾与过氧化氢的反应式：**

$$KMnO_4 + 2H_2O_2 =\!= KOH + Mn(OH)_3 + 2O_2\uparrow$$

二氧化锰在酸性溶液中与 H_2O_2 的反应式：

$$MnO_2 + H_2O_2 + H_2SO_4 =\!= MnSO_4 + O_2\uparrow + 2H_2O$$

⑦ 硫酸锰与硫氰酸钾的反应式：

$$MnSO_4 + 6KSCN === K_4Mn(SCN)_6 + K_2SO_4$$

硫酸锰与硫氰酸铵的反应式：

$$MnSO_4 + 6NH_4SCN === (NH_4)_4Mn(SCN)_6 + (NH_4)_2SO_4$$

⑧ 高锰酸钾与 KI 的反应式：

$$6KMnO_4 + 5KI + 6H_2O === 5KIO_3 + 6MnO + 6KOH + 3H_2O$$

高锰酸钾在中性溶液中与硫酸锰反应式：

$$2KMnO_4 + 3MnSO_4 + 2H_2O === 5MnO_2\downarrow + K_2SO_4 + 2H_2SO_4$$

⑨ 四氧化三锰与盐酸溶液反应式：

$$Mn_3O_4 + 8HCl === 3MnCl_2 + Cl_2\uparrow + 4H_2O$$

高锰酸钾加热时分解出氧的反应式：

$$2KMnO_4 \xrightarrow{\triangle} K_2MnO_4 + MnO_2 + O_2\uparrow$$

⑩ 硫酸锰与重铬酸反应

$$6MnSO_4 + H_2Cr_2O_7 + 6H_2SO_4 ===$$
$$3Mn_2(SO_4)_3 + Cr_2(SO_4)_3 + 7H_2O$$

⑪ 高价锰与亚硝酸钠反应式：

$$Mn_2(SO_4)_3 + NaNO_2 + H_2O === 2MnSO_4 + NaNO_3 + H_2SO_4$$

尿素与亚硝酸钠反应式：

$$(NH_2)_2CO + 2NaNO_2 + H_2SO_4 ===$$

$$Na_2SO_4 + 3H_2O + CO_2\uparrow + 2N_2\uparrow$$

⑫ **高锰酸钾与硫酸氧钒反应生成下列物质：**

$$5V_2O_2(SO_4)_2 + 2KMnO_4 + 22H_2O \Longrightarrow$$
$$10H_3VO_4 + K_2SO_4 + 2MnSO_4 + 7H_2SO_4$$

⑬ **高锰酸与亚硝酸钠反应：**

$$2HMnO_4 + 5NaNO_2 + 2H_2SO_4 \Longrightarrow 2MnSO_4 + 5NaNO_3 + 3H_2O$$

⑭ **硅酸锰遇硫酸溶解：**

$$MnSiO_3 + H_2SO_4 \Longrightarrow MnSO_4 + H_2SiO_3$$

硫酸锰与过硫酸铵反应：

$$2MnSO_4 + 5(NH_4)_2S_2O_8 + 8H_2O \Longrightarrow$$
$$2HMnO_4 + 5(NH_4)_2SO_4 + 7H_2SO_4$$

⑮ **二氯氧钒与高锰酸钾反应：**

$$10VOCl_2 + 6KMnO_4 + 9H_2SO_4 \Longrightarrow$$
$$10HVO_3 + 3K_2SO_4 + 6MnSO_4 + 10Cl_2 + 4H_2O$$

⑯ **高锰酸还原为低价锰：**

$$2HMnO_4 + 10NaCl + 7H_2SO_4 \Longrightarrow$$
$$5Na_2SO_4 + 2MnSO_4 + 5Cl_2 + 8H_2O$$

⑰ **高锰酸钾与草酸反应：**

$$5H_2C_2O_4 + 2KMnO_4 + 3H_2SO_4 \Longrightarrow$$
$$K_2SO_4 + 2MnSO_4 + 10CO_2 + 8H_2O$$

⑱ **硫酸溶解二氧化锰：**

$$MnO_2+2NaCl+2H_2SO_4 ===$$
$$MnSO_4+Na_2SO_4+Cl_2\uparrow+2H_2O$$

⑲ **金属锰与酸反应：**

$$Mn+H_2SO_4===MnSO_4+H_2\uparrow$$

$$3Mn+8HNO_3===3Mn(NO_3)_2+2NO\uparrow+4H_2O$$

⑳ **高锰酸钾与硝酸反应：**

$$2KMnO_4+2HNO_3===2KNO_3+2MnO_2+3（O）+H_2O$$

二氧化锰与亚硝酸钾反应：

$$MnO_2+KNO_2+2HNO_3===Mn(NO_3)_2+KNO_3+H_2O$$

29. 钼 Mo

自然界中钼的主要化合物是辉钼矿 MoS_2。钼的化合物中，有二价、三价、四价、五价、六价，其中六价钼的化合物最稳定。

在钢铁中的钼可形成碳化物如 MoC、Mo_2C，能溶解于硝酸及硫酸中，使钼成为六价。在酸性溶液及还原剂氯化亚锡存在下，可将六价钼还原成五价钼，五价钼与硫氰酸盐形成可溶的深红色络合物。

① **含钼试样用酸溶解的反应式：**

$$3MoC+10HNO_3===3H_2MoO_4+10NO+3CO_2+2H_2O$$

$$2Mo+3H_2SO_4===Mo_2(SO_4)_3+3H_2\uparrow$$

$$Mo_2(SO_4)_3 + 2HNO_3 + 4H_2O =\!=\!=$$
$$2H_2MoO_4 + 2NO\uparrow + 3H_2SO_4$$

② 如一部分钼存在于钨酸沉淀中， 用氢氧化钠将沉淀溶解使钨酸和钼酸成为钨酸钠和钼酸钠溶液， 其反应式：

$$H_2WO_4 + 2NaOH =\!=\!=\!= Na_2WO_4 + 2H_2O$$

$$H_2MoO_4 + 2NaOH =\!=\!=\!= Na_2MoO_4 + 2H_2O$$

然后加硫酸使钨形成钨酸再沉淀出来的反应式：

$$Na_2WO_4 + H_2SO_4 =\!=\!=\!= H_2WO_4\downarrow + Na_2SO_4$$

③ 在酸性溶液中， 加还原剂氯化亚锡将六价钼还原成五价钼， 然后与硫氰酸盐形成可溶的深红色的络合物， 其反应式：

$$2H_2MoO_4 + 16NaCNS + SnCl_2 + 12HCl =\!=\!=$$
$$2[3NaCNS \cdot Mo(CNS)_5] + SnCl_4 + 10NaCl + 8H_2O$$

三价铁与硫氰酸盐也形成红色络合物，然而氯化亚锡将三价铁也还原成二价铁，而二价铁不与硫氰酸盐形成有色的络合物。

④ 钼酸铵与锌还原的反应式：

$$2(NH_4)_2MoO_4 + 3Zn + 16HCl =\!=\!=$$
$$2MoCl_3 + 3ZnCl_2 + 4NH_4Cl + 8H_2O$$

⑤ 钼酸盐在酸性溶液中能与磷酸盐反应， 加入氯化亚锡还原， 有蓝色化合物形成， 其反应式：

$$10(NH_4)_2MoO_4 + 4SnCl_2 + 13H_2SO_4 + (NH_4)_2HPO_4 =\!=\!=$$
$$(MoO_2 \cdot 4MoO_3)_2 \cdot H_3PO_4 \cdot 4H_2O + 2SnCl_4 + 11(NH_4)_2SO_4 +$$

$2SnSO_4 + 8H_2O$

⑥ 用标准氢氧化钾溶液滴定磷钼酸铵时，其反应式：

$(NH_4)_3PO_4(MoO_3)_{12} + 23KOH ===$
$(NH_4)_2HPO_4 + 11K_2MoO_4 + 11H_2O + NH_4KMoO_4$

三氧化钼与氢氧化铵反应生成钼酸铵

$MoO_3 + 2NH_4OH === (NH_4)_2MoO_4 + H_2O$

⑦ 钼酸铵溶液与醋酸铅溶液作用生成钼酸铅沉淀的反应式：

$(NH_4)_2MoO_4 + Pb(CH_3COO)_2 ===$
$PbMoO_4 \downarrow + 2CH_3COONH_4$

⑧ 钼酸与氢氧化钠反应如下：

$H_2MoO_4 + 2NaOH === Na_2MoO_4 + 2H_2O$

钼酸与醋酸铅反应如下：

$H_2MoO_4 + Pb(C_2H_3O_2)_2 === PbMoO_4 \downarrow + 2C_2H_3O_2H$

N

30. 氮 N

氮在铁的合金内主要是以氮化合物存在，有 FeN、Fe_2N、CrN、AlN、Mo_2N、Mo_3N_2、W_2N_3、ZrN、Mn_5N、VN、Si_3N_4、Mg_3N_2、Cu_3N_2、TiN 等。

① 蒸馏法测定氮，将试样用酸溶解时首先分解出氢原子，先形成氨，然后生成铵盐，其反应式：

$$2Fe_2N + 10HCl = 4FeCl_2 + 2NH_4Cl + H_2$$

氮化物加水分解也形成氨：

$$2FeN + 6H_2O = 2Fe(OH)_3 + 2NH_3$$

$$NH_3 + HCl = NH_4Cl$$

$$Fe(OH)_3 + 3HCl = 2FeCl_3 + 3H_2O$$

很少部分的氮也形成甲基胺 CH_3NH_2、氰酸 HCN、硫氰酸 HSCN。

溶液然后用氢氧化钠的浓溶液，在定氮仪器中进行加热蒸馏，使铵盐分离出游离氨，其反应式：

$$NH_4Cl + NaOH = NaCl + H_2O + NH_3 \uparrow$$

蒸馏出来的氨气用酸吸收：

$$2NH_3 + H_2SO_4 \Longrightarrow (NH_4)_2SO_4$$

过量的硫酸用氢氧化钠滴定：

$$H_2SO_4 + 2NaOH \Longrightarrow Na_2SO_4 + H_2O$$

② 硫酸锰和过氧化氢与氨的反应式：

$$2MnSO_4 + H_2O_2 + 4NH_3 + 4H_2O \Longrightarrow 2Mn(OH)_3 + 2(NH_4)_2SO_4$$

③ 铵盐溶液与高钴亚硝酸钠生成黄色沉淀，其反应式：

$$3NH_4Cl + Na_3Co、(NO_2)_6 \Longrightarrow (NH_4)_3Co(NO_2)_6 \downarrow + 3NaCl$$

④ 奈氏试剂碱性碘化钾汞溶液在铵盐溶液中生成棕色沉淀，其反应式：

$$2HgI_4^{2-} + 4OH^- + NH_4^+ \Longrightarrow O \underset{Hg}{\overset{Hg}{\diagup\!\!\diagdown}} NH_2I \downarrow + 3H_2O + 7I^-$$

这个沉淀的颜色很强，可用来测定极微量的铵盐。

⑤ 铵盐在中性或微酸性溶液与氯化对硝基重氮苯反应生成红色物质（反应很灵敏），其反应式：

$$O_2N-\!\!\!\left\langle\;\right\rangle\!\!\!-N_2Cl + 2NH_3 + H_2O \Longrightarrow O_2N-\!\!\!\left\langle\;\right\rangle\!\!\!-N\!\!=\!\!NONH_4 + NH_4Cl$$

⑥ 在制取氮气时，通常用重铬酸钾与硝酸铵各取100g溶解于900g水中，然后加热即得，其反应式：

$$2NH_4NO_3 + K_2Cr_2O_7 \Longrightarrow (NH_4)_2Cr_2O_7 + 2KNO_3$$

$$(NH_4)_2Cr_2O_7 \Longrightarrow N_2 \uparrow + Cr_2O_3 + 4H_2O$$

⑦ 各取 100g 硝酸铵与亚硝酸钠溶于 900g 水中加热可得氮气：

$$NH_4NO_3 + NaNO_2 \Longrightarrow NH_4NO_2 + NaNO_3$$

$$NH_4NO_2 \Longrightarrow N_2\uparrow + 2H_2O$$

⑧ 硝酸银溶液与氢氧化铵作用生成银铵络合物，其反应式：

$$2AgNO_3 + 4NH_4OH \Longrightarrow (NH_3Ag)_2O + 2NH_4NO_3 + 3H_2O$$

⑨ 高氯酸铵在加热时即分解为氮、氯、水及氧：

$$2NH_4ClO_4 \Longrightarrow N_2\uparrow + Cl_2\uparrow + 4H_2O + 2O_2\uparrow$$

⑩ 铵盐与酒石酸氢钠生成白色结晶酒石酸氢铵沉淀的反应式：

$$NaHC_4H_4O_6 + NH_4Cl \Longrightarrow NH_4HC_4H_4O_6\downarrow + NaCl$$

⑪ 铵盐加热分解的反应式：

$$NH_4Cl \Longrightarrow NH_3 + HCl$$

$$NH_4NO_2 \Longrightarrow N_2\uparrow + 2H_2O$$

$$3(NH_4)_2SO_4 \Longrightarrow N_2\uparrow + 4NH_3 + 6H_2O + 3SO_2$$

$$NH_4NO_3 \Longrightarrow N_2O\uparrow + 2H_2O$$

$$(NH_4)_2C_2O_4 \Longrightarrow 2NH_3 + H_2O + CO + CO_2$$

$$(NH_4)_3PO_4 \Longrightarrow 3NH_3 + H_3PO_4$$

⑫ 金属氮化物试样溶解反应式：

$$2Fe_4N+18HCl=\!=\!=8FeCl_2+2NH_4Cl+5H_2$$

$$2FeN+4H_2SO_4=\!=\!=Fe_2(SO_4)_3+(NH_4)_2SO_4$$

$$Mn_3N_2+4H_2SO_4=\!=\!=(NH_4)_2SO_4+3MnSO_4$$

⑬ **铵盐与碱蒸馏反应式：**

$$NH_4Cl+NaOH=\!=\!=NaCl+NH_3\uparrow+H_2O$$

$$(NH_4)_2SO_4+2NaOH=\!=\!=Na_2SO_4+2NH_3\uparrow+2H_2O$$

⑭ **氨气与水蒸气被硼酸溶液吸收：**

$$NH_4OH+H_3BO_3=\!=\!=(NH_4)H_2BO_3+H_2O$$

⑮ **用盐酸滴定反应：**

$$(NH_4)H_2BO_3+HCl=\!=\!=H_3BO_3+NH_4Cl$$

31. 钠 Na

① **过氧化钠与水生成过氧化氢、氢氧化钠：**

$$Na_2O_2+2H_2O=\!=\!=H_2O_2+2NaOH$$

② **过氧化钠与稀酸生成过氧化氢：**

$$Na_2O_2+H_2SO_4=\!=\!=Na_2SO_4+H_2O_2$$

③ **过氧化钠与二氧化碳生成氧气：**

$$2Na_2O_2+2CO_2=\!=\!=2Na_2CO_3+O_2\uparrow$$

④ **过氧化钡与碳酸钠生成过氧化钠：**

$$BaO_2 + Na_2CO_3 =\!=\!= Na_2O_2 + BaCO_3 \downarrow$$

⑤ 硫代硫酸钠溶液与过氧化氢生成下列物质：

$$2Na_2S_2O_3 + H_2O_2 =\!=\!= Na_2S_4O_6 + 2NaOH$$

⑥ 醋酸铀酰锌的中性或酸性的钠盐溶液生成淡黄绿色醋酸铀酰钠锌：

$$CH_3COOH + NaCl + Zn(CH_2COO)_2 + 3UO_2(CH_3COO)_2 + 9H_2O =\!=\!=$$
$$NaZn(UO_2)_3(CH_3COO)_9 \cdot 9H_2O + HCl$$

⑦ 锑酸二氢钾与中性或弱碱性钠盐溶液反应生成白色结晶析出：

$$Na^+ + KH_2SbO_4 =\!=\!= NaH_2SbO_4 \downarrow + K^+$$

⑧ 醋酸铀酰镁溶液在钠盐溶液中生成黄色结晶醋酸铀酰镁钠：

$$NaCl + 3UO_2(CH_3COO)_2 + Mg(CH_3COO)_2 + CH_3COOH =\!=\!=$$
$$NaMg(UO_2)_3(CH_3COO)_9 + HCl$$

⑨ 碳酸氢钠溶液与硝酸银生成下列物质：

a. $\quad 2NaHCO_3 =\!=\!= Na_2CO_3 + H_2O + CO_2 \uparrow$

b. $\quad 2AgNO_3 + Na_2CO_3 =\!=\!= Ag_2CO_3 \downarrow + 2NaNO_3$

⑩ 氢氧化钠与硝酸银生成棕色沉淀：

$$2NaOH + 2AgNO_3 =\!=\!= Ag_2O \downarrow + 2NaNO_3 + H_2O$$

⑪ 二亚硫酸钠与氨性氯化银反应有金属银析出：

$$Na_2S_2O_4 + 2AgCl + 4NH_4OH =\!=\!=$$
$$2(NH_4)_2SO_3 + 2NaCl + 2H_2O + 2Ag \downarrow$$

⑫ **过氧化钠与盐酸生成过氧化氢：**

$$Na_2O_2 + 2HCl \rightleftharpoons H_2O_2 + 2NaCl$$

⑬ **硫代硫酸钠与盐酸反应有硫析出：**

$$Na_2S_2O_3 + 2HCl \rightleftharpoons 2NaCl + S\downarrow + SO_2\uparrow + H_2O$$

⑭ **硅酸钠与盐酸反应有胶质硅酸生成：**

$$Na_4SiO_4 + 4HCl \rightleftharpoons 4NaCl + H_4SiO_4$$

⑮ **溴化钠和溴酸钠溶液与盐酸反应有溴释出：**

$$NaBrO_3 + 5NaBr + 6HCl \rightleftharpoons 6NaCl + 3Br_2 + 3H_2O$$

⑯ **亚硫酸钠和碳酸钠与盐酸反应生成下列物质：**

a. $$Na_2CO_3 + 2HCl \rightleftharpoons 2NaCl + CO_2\uparrow + H_2O$$

b. $$Na_2SO_3 + HCl \rightleftharpoons NaHSO_3 + NaCl$$

⑰ **碘与硫代硫酸钠反应生成下列物质：**

$$I_2 + 2Na_2S_2O_3 \rightleftharpoons Na_2S_4O_6 + 2NaI$$

⑱ **碘与二亚硫酸钠溶液反应生成下列物质：**

$$2I_2 + 2H_2O + Na_2S_2O_4 \rightleftharpoons Na_2S_2O_6 + 4HI$$

⑲ **氯化钠与硝酸反应如下：**

$$3NaCl + 4HNO_3 \rightleftharpoons 3NaNO_3 + Cl_2\uparrow + NOCl + 2H_2O$$

⑳ **浓硫酸与氯化钠生成下列物质：**

$$NaCl + H_2SO_4 \rightleftharpoons NaHSO_4 + HCl$$

㉑ 亚硝酸钠溶液与稀硫酸反应生成一氧化氮：

$$3NaNO_2 + H_2SO_4 \rightleftharpoons 2NO + Na_2SO_4 + H_2O + NaNO_3$$

㉒ 硅酸钠与硫酸反应有硅酸生成：

$$Na_2SiO_3 + H_2SO_4 \rightleftharpoons H_2SiO_3 + Na_2SO_4$$

㉓ 二氧化锰和氯化钠混合与浓硫酸反应有氯气放出：

$$2NaCl + 2H_2SO_4 + MnO_2 \rightleftharpoons Na_2SO_4 + MnSO_4 + 2H_2O + Cl_2 \uparrow$$

㉔ 碘酸钠和碘化钠的溶液与硫酸反应有碘析出：

$$NaIO_3 + 5NaI + 3H_2SO_4 \rightleftharpoons 3Na_2SO_4 + 3H_2O + 3I_2 \downarrow$$

㉕ 草酸钠在硫酸溶液中与碘酸钾反应如下：

$$5Na_2C_2O_4 + 2KIO_3 + 6H_2SO_4 \rightleftharpoons$$

$$K_2SO_4 + 5Na_2SO_4 + 10CO_2 + 6H_2O + I_2 \downarrow$$

㉖ 金属钠与水反应有氢放出：

$$2Na + 2H_2O \rightleftharpoons 2NaOH + H_2 \uparrow$$

㉗ 氰化钠与水在 35℃ 以上水解形成氰化氢气体（有毒）：

$$NaCN + H_2O \longrightarrow NaOH + HCN$$
$$\quad\;\text{（有毒）}\qquad\qquad\quad\text{（有毒）}$$

㉘ 氢化钠与水反应有氢气生成：

$$NaH + H_2O \rightleftharpoons NaOH + H_2 \uparrow$$

㉙ 过氧化钠与水反应有氧气放出：

$$2Na_2O_2 + 2H_2O \longrightarrow 4NaOH + O_2 \uparrow$$

㉚ 氢氧化钠与磷酸二氢钠反应有下列物质生成：

$$NaH_2PO_4 + NaOH \longrightarrow Na_2HPO_4 + H_2O$$

㉛ 醋酸钠与磷酸反应生成下列物质：

$$H_3PO_4 + 2CH_3COONa \longrightarrow 2CH_3COOH + Na_2HPO_4$$

㉜ 三氯化铁与硫代硫酸钠反应生成如下物质：

$$2Na_2S_2O_3 + 2FeCl_3 \longrightarrow 2FeCl_2 + 2NaCl + Na_2S_4O_6$$

㉝ 金属钙与氢氧化钠反应有金属钠生成：

$$2NaOH + Ca \longrightarrow 2Na + CaO + H_2O$$

㉞ 硅酸钠与氯化钙作用生成硅酸钙：

$$Na_2SiO_3 + CaCl_2 \longrightarrow CaSiO_3 \downarrow + 2NaCl$$

㉟ 氢氧化钙与硫酸钠和水反应生成石膏：

$$Ca(OH)_2 + Na_2SO_4 + 2H_2O \longrightarrow CaSO_4 \cdot 2H_2O \cdot + 2NaOH$$

㊱ 碳酸钠与硫酸镁生成碳酸镁沉淀：

$$Na_2CO_3 + MgSO_4 \longrightarrow MgCO_3 \downarrow + Na_2SO_4$$

㊲ 次氯酸与碘化钠反应有下列物质生成：

$$HClO + 2NaI \longrightarrow NaCl + NaOH + I_2 \downarrow$$

㊳ 氢氧化钠与氟硅酸钠生成下列物质：

$$4NaOH + Na_2SiF_6 \longrightarrow 6NaF + Si(OH)_4$$

㊴ 硅酸钠与氟化氢反应生成下列物质：

a. $$Na_2SiO_3 + 6HF == 2NaF + SiF_4 + 3H_2O$$

b. $$Na_2SiO_3 + 6HF == Na_2SiF_6 + 3H_2O$$

32. 镍　Ni

镍在自然界中，主要是以砷化物或硫化物而存在。这些化合物是红镍矿（NiAs）、辉砷镍矿（NiAsS）等。

① 镍不会形成碳化物，在钢铁中以固溶体形态存在。镍用酸溶解时，以二价镍盐的形态进入溶液中，其反应式：

$$Ni + H_2SO_4 == NiSO_4 + H_2 \uparrow$$

$$NiO + 2HCl == H_2O + NiCl_2$$

$$Ni_2O_3 + 6HCl == 3H_2O + 2NiCl_2 + Cl_2 \uparrow$$

$$2Ni_2O_3 + 4H_2SO_4 == 4H_2O + 4NiSO_4 + O_2 \uparrow$$

② 为了将镍溶液中的钴铜及其他元素分离开可利用丁二肟在氨性溶液中，沉淀镍，其反应式：

$$NiSO_4 + 2C_4H_8N_2O_2 == Ni(C_4H_7N_2O_2)_2 \downarrow + H_2SO_4$$

$$H_2SO_4 + 2NH_4OH == (NH_4)_2SO_4 + H_2O$$

③ 分光光度法测定镍，试样用酸溶解，在氧化剂存在下，在氨性溶液中，加入二甲基乙二醛肟与镍生成酒红色络合物，其反应式：

过强的氧化剂会进一步破坏二甲基乙二醛肟，使有色络合物被破坏，氧化剂应少过量，否则形成二甲基乙二醛肟的沉淀。氧化剂有溴、碘、二氧化铅、过氧化氢、过硫酸铵等。碘和过硫酸铵为较好。

当溶液有铁、铝、铬等可加入酒石酸或柠檬酸与铁钴等络合来清除影响。铜钴与二甲基乙二醛肟同样可生成有色络合物，但颜色浅得多。

镍与 α-亚硝基-β-萘酚 $[C_{10}H_6(NO)OH]$ 生成 $Ni[C_{10}H_6(NO)O]_2$ 棕色沉淀，溶于稀盐酸（与钴不同，钴则形成淡红棕色沉淀，不溶于稀盐酸）。

④ **氢氧化镍与盐酸和碘化钾作用时的反应式：**

$$2Ni(OH)_3 + 2KI + 6HCl \rightleftharpoons 2NiCl_2 + I_2 + 2KCl + 6H_2O$$

⑤ **硫酸镍与硫氰酸钾和硫氰酸铵溶液作用时的反应式：**

$$NiSO_4 + 4KSCN \rightleftharpoons K_2Ni(SCN)_4 + K_2SO_4$$

$$NiSO_4 + 4NH_4SCN \rightleftharpoons (NH_4)_2Ni(SCN)_4 + (NH_4)_2SO_4$$

用氢氧化铵中和镍盐与酒石酸的溶液后，生成络合物，其反应式：

$$Ni(NO_3)_2 + C_4H_6O_6 + 3NH_4OH \rightleftharpoons$$
$$Ni(NH_4)C_4H_3O_6 + 2NH_4NO_3 + 3H_2O$$

⑥ **镍与硫酸反应**

$$Ni + H_2SO_4 \rightleftharpoons NiSO_4 + H_2 \uparrow$$

$$2NiSO_4 + 2NH_4OH \rightleftharpoons Ni_2(OH)_2SO_4 + (NH_4)_2SO_4$$

⑦ 在氨性溶液中镍与氰化钾生成络离子：

$$Ni(NH_3)_4^{2+} + 4CN^- = Ni(CN)_4^{2-} + 4NH_3$$

加入硝酸银与碘化钾生成碘化银：

$$2CN^- （过量） + Ag^+ = Ag(CN)_2^-$$

$$Ag^+ + I^- = AgI\downarrow （终点）$$

⑧ 以 Cu-P$_A$N 作指示剂，用 EDTA 直接滴定镍反应式：

$$Ni^{2+} + Cu(EDTA)^{2-} + PAN^{2-} （黄） \rightleftharpoons$$
$$Ni(EDTA)^{2-} + Cu(PAN) （紫色）$$

在到达终点时溶液由紫色又回复到 PAN 的黄色。

$$Ca(PAN)（紫色） + EDTA^{2-} \rightleftharpoons$$
$$Cu(EDTA)^{2-} + PAN^{2-}（黄色）$$

33. 铌 Nb

① 氟铌酸钾在石墨坩埚中可被铝还原生成铌化铝：

$$2K_2NbF_7 + 6Al \xrightarrow{\triangle} 2NbAl_3 + 4KF + 5F_2$$

② 氟铌酸钾在铁坩埚中可被钠还原生成铌化钠

$$2K_2NbF_7 + 2Na = 2NaNb + 4KF + 5F_2$$

③ 粉状铌与干燥的氯在 190℃ 反应生成五氯化铌：

$$2Nb + 5Cl_2 \xrightarrow{\triangle} 2NbCl_5$$

④ 铌酸钾溶液和氯化锌反应生成沉淀：

$$2KNbO_3 + ZnCl_2 =\!=\!= ZnO \cdot Nb_2O_5 \downarrow + 2KCl$$

⑤ 氯化镁溶液与铌酸钾反应生成沉淀物：

$$3KNbO_3 + 4MgCl_2 =\!=\!= (MgO)_4 \cdot Nb_2O_5 \downarrow + NbCl_5 + 3KCl$$

⑥ 铌酸钾溶液与硫酸铜溶液反应生成沉淀：

$$2KNbO_3 + CuSO_4 =\!=\!= CuO \cdot Nb_2O_5 \downarrow + K_2SO_4$$

⑦ 铌化钠与水分解放出氢气生成氢化铌：

$$3NaNb + 8H_2O =\!=\!= NbH + 3NaOH + Nb_2O_5 + 6H_2 \uparrow$$

⑧ 四氧化二铌与水反应生成五氧化二铌：

$$Nb_2O_4 + H_2O =\!=\!= Nb_2O_5 + H_2 \uparrow$$

⑨ 五氧化二铌与过氧化氢反应生成黄色高铌酸：

$$Nb_2O_5 \cdot H_2O + 2H_2O_2 =\!=\!= 2HNbO_4 + 2H_2O$$

⑩ 五氧化二铌与氢氧化钾共熔生成铌酸钾：
$$Nb_2O_5 + 2KOH =\!=\!= 2KNbO_3 + H_2O$$

⑪ 五氧化二铌与氢氧化钠在银坩埚中熔化生成铌酸钠：

$$Nb_2O_5 + 2NaOH + 5H_2O =\!=\!= Na_2O \cdot Nb_2O_5 \cdot 6H_2O$$

⑫ 五氧化二铌与碳酸钾共熔生成铌酸钾：

$$3Nb_2O_5 + 4K_2CO_3 + 6H_2O =\!=\!=$$

$$(K_2O)_4 \cdot (Nb_2O_5)_3 \cdot 6H_2O + 4CO_2$$

⑬ 铌酸溶解于氢氟酸再加小量氟化钾反应生成下列物质：

$$3HNbO_3 + 9HF + 5KF == (NbOF_3)_3 \cdot (KF)_5 \cdot H_2O + 5H_2O$$

⑭ 五氧化二铌与氢氟酸生成三氟氧化铌：

$$Nb_2O_5 + 6HF == 2NbOF_3 + 3H_2O$$

⑮ 铌铁矿与氟化氢反应分解生成下列物质：

$$Fe(NbO_3)_2 + 2HF == Nb_2O_5 + FeF_2 + H_2O$$

⑯ 铌酸溶解于氢氟酸生成下列物质：

$$2HNbO_3 + 10HF == (NbF_5)_2 \cdot 5H_2O + H_2O$$

⑰ 铝化铌与氢氟酸反应生成下列物质：

$$NbAl_3 + 14HF == NbF_5 + 3AlF_3 + 7H_2 \uparrow$$

⑱ 氢化铌与氢氟酸反应生成下列物质：

$$NbH + 5HF == NbF_5 + 3H_2 \uparrow$$

⑲ 铝化铌与浓盐酸反应生成下列物质：

$$NbAl_3 + 14HCl == NbCl_5 + 3AlCl_3 + 7H_2 \uparrow$$

34. 钕 Nd

① 钕在空气中燃烧生成三氧化二钕和氮化钕：

a. $$4Nd + 3O_2 == 2Nd_2O_3$$

b. $$2Nd + N_2 == 2NdN$$

② 氢氧化钕加热至白热时生成暗紫色三氧化二钕：

$$2Nd(OH)_3 \xrightarrow{\triangle} Nd_2O_3 + 3H_2O$$

③ 硝酸钕加热到高温生成淡蓝色的三氧化二钕：

$$4Nd(NO_3)_3 \xrightarrow{\triangle} 2Nd_2O_3 + 12NO_2\uparrow + 3O_2\uparrow$$

④ 硫酸钕溶液与硫化铵反应生成碱式硫酸钕沉淀：

$$2Nd_2(SO_4)_3 + 3(NH_4)_2S + 6H_2O =\!=\!=$$
$$Nd_4(OH)_6(SO_4)_3\downarrow + 3(NH_4)_2SO_4 + 3H_2S$$

⑤ 铬酸钾与硫酸钕反应生成铬酸钕沉淀：

$$Nd_2(SO_4)_3 + 3K_2CrO_4 + 8H_2O =\!=\!=$$
$$Nd_2(CrO_4)_3 \cdot 8H_2O\downarrow + 3K_2SO_4$$

⑥ 硫酸钕溶液与溴酸钡反应生成溴酸钕：

$$Nd_2(SO_4)_3 + 3Ba(BrO_3)_2 + 18H_2O =\!=\!=$$
$$3BaSO_4\downarrow + Nd_2(BrO_3)_6 \cdot 18H_2O$$

⑦ 三氧化二钕与醋酸反应生成红色醋酸钕：

$$Nd_2O_3 + 6CH_3COOH =\!=\!= 2Nd(CH_3COO)_3 \cdot H_2O + 2H_2O$$

⑧ 三氧化二钕与甲酸生成红色结晶：

$$Nd_2O_3 + 6HCOOH =\!=\!= 2Nd(HCOO)_3\downarrow + 3H_2O$$

⑨ 三氯化钕溶液与钒酸钠溶液生成钒酸钕沉淀：

$$NdCl_3 + NaVO_3 + H_2O \Longrightarrow NdVO_4 \downarrow + NaCl + 2HCl$$

⑩ 氯化钕溶液与高钴氰化钾生成高钴氰化钕：

$$2NdCl_3 + 2K_3Co(CN)_6 + 9H_2O \Longrightarrow$$
$$Nd_2[Co(CN)_6]_2 \cdot 9H_2O \downarrow + 6KCl$$

⑪ 氯化钕与钼酸钠生成钼酸钕析出：

$$2NdCl_3 + 3Na_2MoO_4 \Longrightarrow Nd_2(MoO_4)_3 \downarrow + 6NaCl$$

⑫ 硫酸钕与氢氧化铵生成碱式硫酸钕析出

$$2Nd_2(SO_4)_3 + 6NH_4OH \Longrightarrow$$
$$Nd_4(OH)_6(SO_4)_3 \downarrow + 3(NH_4)_2SO_4$$

⑬ 氢氧化钠与三氯化钕生成红色氢氧化钕析出：

$$3NaOH + NdCl_3 \Longrightarrow Nd(OH)_3 \downarrow + 3NaCl$$

⑭ 氯化钕与碳酸钠生成碳酸钕析出：

$$2NdCl_3 + 3Na_2CO_3 \Longrightarrow Nd_2(CO_3)_3 \downarrow + 6NaCl$$

⑮ 硝酸钕与草酸生成草酸钕析出：

$$2Nd(NO_3)_3 + 3H_2C_2O_4 \Longrightarrow Nd_2(C_2O_4)_3 \downarrow + 6HNO_3$$

⑯ 碘酸溶液与硝酸钕生成白色的沉淀：

$$Nd(NO_3)_3 + 3HIO_3 + 2H_2O \Longrightarrow$$
$$Nd(IO_3)_3 \cdot (H_2O)_2 \downarrow + 3HNO_3$$

⑰ 三氧化二钕与硒酸反应生成硒酸钕，蒸干之后有红色结晶：

a. $\quad Nd_2O_3 + 3H_2SeO_4 \mathrel{=\!=\!=} Nd_2(SeO_4)_3 + 3H_2O$

b. $\quad Nd_2(SeO_4)_3 + 5H_2O \overset{\triangle}{\mathrel{=\!=\!=}} Nd_2(SeO_4)_3 \cdot (H_2O)_5$

⑱ **三氧化二钕与硫酸反应生成亮红色硫酸钕：**

$$Nd_2O_3 + 3H_2SO_4 \mathrel{=\!=\!=} Nd_2(SO_4)_3 + 3H_2O$$

⑲ **草酸钕与硫酸反应生成硫酸钕：**

$$Nd_2(C_2O_4)_3 + 3H_2SO_4 + 5H_2O \mathrel{=\!=\!=}$$
$$3CO_2 + Nd_2(SO_4)_3 \cdot 8H_2O + 3CO\uparrow$$

⑳ **三氧化二钕与硝酸和硝酸锰反应生成硝酸复盐：**

$$Nd_2O_3 + 6HNO_3 + 3Mn(NO_3)_2 \mathrel{=\!=\!=}$$
$$3Mn(NO_3)_2 \cdot 2Nd(NO_3)_3 + 3H_2O$$

㉑ **三氧化二钕与硝酸和硝酸镁生成硝酸复盐：**

$$Nd_2O_3 + 6HNO_3 + 3Mg(NO_3)_2 + 24H_2O \mathrel{=\!=\!=}$$
$$3Mg(NO_3)_2 \cdot 2Nd(NO_3)_3 \cdot 24H_2O + 3H_2O$$

㉒ **三氧化二钕与硝酸生成硝酸钕，再与溴酸盐反应：**

a. $\quad Nd_2O_3 + 6HNO_3 \mathrel{=\!=\!=} 2Nd(NO_3)_3 + 3H_2O$

b. $\quad Nd(NO_3)_3 + 3KBrO_3 \mathrel{=\!=\!=} Nd(BrO_3)_3 + 3KNO_3$

㉓ **硝酸铵钕与氢氧化铵生成氢氧化钕沉淀，再与盐酸反应
生成三氯化钕：**

a. $Nd(NO_3)_3 \cdot NH_4NO_3 + 3NH_4OH \mathrel{=\!=\!=}$

$$Nd(OH)_3\downarrow + 4NH_4NO_3$$

113

b. $$Nd(OH)_3 + 3HCl = NdCl_3 + 3H_2O$$

㉔ **三氧化二钕与盐酸反应生成三氯化钕再与草酸铵反应生成草酸钕：**

a. $$Nd_2O_3 + 6HCl = 2NdCl_3 + 3H_2O$$

b. $$2NdCl_3 + 3(NH_4)_2C_2O_4 = Nd_2(C_2O_4)_3 \downarrow + 6NH_4Cl$$

㉕ **过氧化钕与盐酸生成三氯化钕：**

$$Nd_4O_7 + 14HCl = 4NdCl_3 + 7H_2O + Cl_2$$

㉖ **氢氟酸与醋酸钕生成胶状氟化钕：**

$$Nd(CH_3COO)_3 + 3HF = NdF_3 \downarrow + 3CH_3COOH$$

㉗ **二氧化钕与盐酸生成氯化钕，并有臭氧生成：**

$$6NdO_2 + 18HCl = 6NdCl_3 + O_3 + 9H_2O$$

二氧化钕与硝酸生成硝酸钕、臭氧：

$$6NdO_2 + 18HNO_3 = 6Nd(NO_3)_3 + O_3 + 9H_2O$$

二氧化钕与硫酸生成硫酸钕、臭氧：

$$6NdO_2 + 9H_2SO_4 = 3Nd_2(SO_4)_3 + O_3 + 9H_2O$$

P

35. 磷　P

磷在铁的合金中主要是和铁以固溶体的形式存在着，结晶成为磷化铁（Fe_2P 或 Fe_3P）。在铸铁、钢和铁合金内只有极少量的磷可能形成矿渣夹杂物状的磷酸盐。

① 当没有氧化剂存在时，直接用硫酸或盐酸溶解含磷试样时，一部分磷会生成 PH_3 而损失。反应式如下：

$$2Fe_3P + 6H_2SO_4 === 2PH_3\uparrow + 3H_2\uparrow + 6FeSO_4$$

$$2Fe_3P + 12HCl === 2PH_3\uparrow + 3H_2\uparrow + 6FeCl_2$$

② 用硝酸溶解含磷试样能使磷化铁氧化为磷酸及亚磷酸，反应式：

$$3Fe_3P + 41HNO_3 ===$$
$$3H_3PO_4 + 9Fe(NO_3)_3 + 16H_2O + 14NO\uparrow$$

$$Fe_3P + 13HNO_3 === H_3PO_3 + 3Fe(NO_3)_3 + 5H_2O + 4NO\uparrow$$

③ 有过硫酸铵存在下将亚磷酸氧化成正磷酸反应式：

$$H_3PO_3 + (NH_4)_2S_2O_8 + 2HNO_3 + H_2O ===$$
$$H_3PO_4 + 2NH_4NO_3 + 2H_2SO_4$$

④ 可用高锰酸钾氧化亚磷酸：

$$5H_3PO_3+2KMnO_4+6HNO_3 =\!=$$
$$5H_3PO_4+2KNO_3+2Mn(NO_3)_2+3H_2O$$

⑤ 用钼酸铵溶液与溶液中的磷酸反应生成磷钼酸铵，反应式：

$$2H_3PO_4+24(NH_4)_2MoO_4+21H_2SO_4 =\!=$$
$$2(NH_4)_3H_4[P(Mo_2O_7)_6]+21(NH_4)_2SO_4+20H_2O$$

此反应最好酸度为 $3\sim4mol/L$ 左右，当酸度低时硅成分会生成硅钼杂多酸干扰测定。

⑥ 氯化镁在氢氧化铵溶液中与磷酸盐的反应式：

$$Na_2HPO_4+NH_4OH =\!= Na_2NH_4PO_4+H_2O$$

$$Na_2NH_4PO_4+MgCl_2 =\!= 2NaCl+MgNH_4PO_4\downarrow$$

磷酸氢钠与硝酸银的反应式：

$$Na_2HPO_4+3AgNO_3 =\!= Ag_3PO_4\downarrow+2NaNO_3+HNO_3$$

⑦ 正磷酸与钼酸铵反应生成黄色复杂络合物：

$$H_3PO_4+12(NH_4)_2MoO_4+21HNO_3 =\!=$$
$$(NH_4)_3H_4[P(Mo_2O_7)_6]\cdot2H_2O+21NH_4NO_3+8H_2O$$

⑧ 磷钼酸铵沉淀溶解入氨水中生成磷酸铵：

$$(NH_4)_3PO_4\cdot12MoO_3+24NH_4OH =\!=$$
$$(NH_4)_3PO_4+12(NH_4)_2MoO_4+12H_2O$$

⑨ 磷酸铵与氯化镁生成磷酸铵镁：

$$(NH_4)_3PO_4+MgCl_2+6H_2O =\!=$$
$$MgNH_4PO_4\cdot6H_2O\downarrow+2NH_4Cl$$

⑩ 磷酸与钼酸铵生成磷钼酸铵的黄色沉淀：

$$H_3PO_4+12(NH_4)_2MoO_4+21HNO_3+(2H_2O)\!=\!=\!=$$
$$(NH_4)_3PO_4\cdot12MoO_3\cdot(2H_2O)\downarrow+21NH_4NO_3+12H_2O$$

36. 铅　Pb

铅能溶解于稀硝酸，不溶解于浓硝酸。

① 铅溶解于盐酸中在铅的表面形成的氯化铅保护薄层，可溶解于热的浓盐酸形成 $HPbCl_3$。

$$Pb+3HCl\overset{\triangle}{=\!=\!=}HPbCl_3+H_2\uparrow$$

② 铅溶解于稀硫酸，但硫酸铅不溶于稀硫酸，反应会立即停止：

$$Pb+H_2SO_4=\!=\!=PbSO_4+H_2\uparrow$$

但是这种保护性的薄膜能溶解于热的浓硫酸而形成可溶的硫酸氢铅：

$$PbSO_4+H_2SO_4=\!=\!=Pb(HSO_4)_2$$

新暴露出来的铅表面能溶解于热的浓硫酸中：

$$Pb+3H_2SO_4=\!=\!=2H_2O+Pb(HSO_4)_2+SO_2$$

③ 氧化铅与盐酸作用即有氯产生：

$$Pb_2O_3+6HCl=\!=\!=3H_2O+2PbCl_2+Cl_2\uparrow$$

④ 二氧化铅在醋酸溶液中可氧化联苯胺，其反应式：

$$PbO_2 + C_{12}H_8(NH_2)_2 + 2CH_3COOH =\!=\!=$$

$$C_{12}H_8(NH)_2 + Pb(CH_3COO)_2 + 2H_2O$$

所生成的联苯亚胺 $C_{12}H_8(NH)_2$ 又与第二个联苯胺的分子形成蓝色物质：

$$C_{12}H_8(NH_2)_2 + C_{12}H_8(NH)_2 =\!=\!=$$

$$C_{12}H_8(NH)_2 \cdot C_{12}H_8(NH_2)_2$$

干扰元素如：银、镍、锰、钴、铋、铊等及其他氧化剂，在碱性溶液中只有铊发生干扰。

⑤ 铅离子在中性、碱性溶液与双硫腙反应生成红色的络合物，其反应式：

这个反应的干扰元素有 Ni、Sb、Zn、Cd、Cu、Hg、Ag 等。

⑥ 草酸与醋酸铅溶液生成草酸铅沉淀：

$$Pb(CH_3COO)_2 + H_2C_2O_4 =\!=\!= PbC_2O_4 \downarrow + 2CH_3COOH$$

硝酸铅与重铬酸钾反应式：

$$2Pb(NO_3)_2 + K_2Cr_2O_7 + H_2O =\!=\!= 2PbCrO_4 + 2KNO_3 + 2HNO_3$$

⑦ 硝酸铅与硫酸反应：

$$Pb(NO_3)_2 + H_2SO_4 =\!=\!= PbSO_4 + 2HNO_3$$

37. 钯　Pd

① 金属钯与二氧化硅和碳粉状混合共加热至白热时生成硅化钯：

$$Pd + SiO_2 + C = PdSi + CO_2 \uparrow$$

② 硝酸亚钯加热至 130℃分解成一氧化钯：

$$2Pd(NO_3)_2 \xrightarrow{\triangle} 2PdO + 4NO_2 + O_2 \uparrow$$

③ 四氯化钯溶液在空气中煮沸生成三氯化钯，再接着加热煮沸生成二氯化钯：

a. $$2PdCl_4 = 2PdCl_3 + Cl_2 \uparrow$$

b. $$2PdCl_3 = 2PdCl_2 + Cl_2 \uparrow$$

④ 二氧化钯与一氧化碳还原成金属 Pd：

$$PdO_2 + 4CO = Pd + 3CO_2 \uparrow + C$$

⑤ 四氯化钯溶液与乙醇摇动后生成三氯化钯：

$$2PdCl_4 + C_2H_5OH = 2PdCl_3 + 2HCl + CH_3CHO$$

⑥ 二氯化钛与二氯化钯发生还原反应有金属钯析出：

$$PdCl_2 + TiCl_2 = Pd \downarrow + TiCl_4$$

⑦ 三氯化钯与连二亚硫酸钠生成金属钯：

$$2PdCl_3 + 3Na_2S_2O_4 = 2Pd \downarrow + 6NaCl + 6SO_2$$

⑧ 碳酸钠与二氯化钯反应生成棕色二氢氧化钯析出：

$$Na_2CO_3 + PdCl_2 + H_2O \xrightarrow{\hspace{1cm}} Pd(OH)_2 \downarrow + 2NaCl + CO_2$$

⑨ 金属钯溶解于温热硝酸中生成棕色硝酸钯：

$$Pd + 2HNO_3 \xrightarrow{\hspace{1cm}} Pd(NO_3)_2 + H_2 \uparrow$$

⑩ 金属钯与王水溶液反应生成下列物质：

$$Pd + 3HCl + HNO_3 \xrightarrow{\hspace{1cm}} PdCl_2 + NOCl + 2H_2O$$

⑪ 硫化亚钯与沸盐酸生成二氯化钯：

$$PdS + 2HCl \xrightarrow{\hspace{1cm}} PdCl_2 + H_2S$$

⑫ 粉状金属钯与热盐酸生成氯化亚钯：

$$Pd + 2HCl \xrightarrow{\hspace{1cm}} PdCl_2 + H_2 \uparrow$$

⑬ 氯化亚汞与亚钯化合物生成金属钯：

$$PdCl_2 + Hg_2Cl_2 \xrightarrow{\hspace{1cm}} Pd + 2HgCl_2$$

⑭ 二氯化钯与亚硫酸还原生成金属钯：

$$PdCl_2 + H_2O + H_2SO_3 \xrightarrow{\hspace{1cm}} Pd \downarrow + 2HCl + H_2SO_4$$

⑮ 二氯化钯与 α-亚硝基-β-萘酚溶液反应生成棕色沉淀：

$$PdCl_2 + 2NOC_{10}H_6OH \xrightarrow{\hspace{1cm}} Pd(NOC_{10}H_6O)_2 \downarrow + 2HCl$$

⑯ 碘化钾溶液与二氯化钯溶液反应生成黑色碘化亚钯：

$$PdCl_2 + 2KI \xrightarrow{\hspace{1cm}} PdI_2 \downarrow + 2KCl$$

⑰ 硫化氢与亚钯化合物生成黑色硫化亚钯：

$$PdCl_2 + H_2S \xrightarrow{\hspace{1cm}} PdS \downarrow + 2HCl$$

38. 铂 Pt

① 一氧化铂加热至红热时即转变为铂:

$$2PtO \xrightarrow{\triangle} 2Pt + O_2 \uparrow$$

② 四氯化铂溶液可被游离碘还原为氯化亚铂:

$$PtCl_4 + I_2 = PtCl_2 \downarrow + 2ICl$$

③ 氯铂酸钾的稀溶液与连二亚硫酸钠溶液反应溶液变为深黄色，加温时转变为淡红黄色，有硫析出。

第一反应是将铂盐还原为亚铂盐:

$$K_2PtCl_6 + Na_2S_2O_4 = K_2PtCl_4 + 2NaCl + 2SO_2 \uparrow$$

第二反应氯亚铂酸钾还原为金属铂:

$$K_2PtCl_4 + 2Na_2S_2O_4 = Pt \downarrow + 2NaCl + 2KCl + Na_2SO_4 + 2SO_2 \uparrow + S$$

④ 氯铂酸钾在盐酸酸化的热溶液中与金属镁反应有细微的铂（铂黑）析出:

$$K_2PtCl_6 + 2Mg = 2MgCl_2 + 2KCl + Pt \downarrow$$

⑤ 甲酸钠溶液中加入氯铂酸钠即被还原析出铂黑:

$$Na_2PtCl_6 + 2HCOONa = Pt \downarrow + 4NaCl + 2HCl + 2CO_2 \uparrow$$

⑥ 灼烧二硫化铂时有金属铂形成:

$$PtS_2 + 2O_2 \xrightarrow{\triangle} Pt + 2SO_2 \uparrow$$

121

⑦ 碳酸钠中和氯铂酸生成氯铂酸钠：

$$H_2PtCl_6 + Na_2CO_3 \Longrightarrow Na_2PtCl_6 + CO_2 + H_2O$$

氯铂酸钠与甲酸钠溶液反应析出铂黑：

$$Na_2PtCl_6 + 2NaCHO_2 \Longrightarrow Pt\downarrow + 4NaCl + 2HCl + 2CO_2$$

⑧ 氯铂酸与硫酸钾的酸性溶液（盐酸酸性）反应生成黄色结晶性沉淀析出：

$$H_2PtCl_6 + K_2SO_4 \Longrightarrow K_2PtCl_6\downarrow + H_2SO_4$$

⑨ 氰亚铂酸钾溶液与硫酸锌反应生成氰亚铂酸锌：

$$K_2Pt(CN)_4 + ZnSO_4 \Longrightarrow ZnPt(CN)_4\downarrow + K_2SO_4$$

⑩ 铂溶解于氰化钠水溶液有氢放出：

$$Pt + 6KCN + 4H_2O \Longrightarrow K_2Pt(CN)_6 + 4KOH + 2H_2\uparrow$$

⑪ 氯化钠与铂的氯化物生成复盐：

$$PtCl_4 + 2NaCl \Longrightarrow Na_2PtCl_6$$

⑫ 铂的氯化物可与氯化铵生成氯铂酸铵：

$$PtCl_4 + 2NH_4Cl \Longrightarrow (NH_4)_2PtCl_6$$

⑬ 氯铂酸钾与氢氧化钾反应生成氢氧化亚铂：

$$K_2PtCl_6 + 4KOH \Longrightarrow Pt(OH)_2\downarrow + 5KCl + H_2O + KOCl$$

⑭ 含有 2 份金和 8 份铂的合金与王水反应，有氯化铂形成：

$$Pt + 6HCl + 2HNO_3 \Longrightarrow PtCl_4 + 2NOCl + 4H_2O$$

将氯化铂加入金属锌可析出铂：

$$PtCl_4 + 2Zn == Pt\downarrow + 2ZnCl_2$$

⑮ 铂、钯合金溶解于王水，形成四氯化铂：

$$Pt + 6HCl + 2HNO_3 == PtCl_4 + 2NOCl + 4H_2O$$

加入氯化铵后四氯化铂形成氯铂酸铵析出：

$$PtCl_4 + 2NH_4Cl == (NH_4)_2PtCl_6\downarrow$$

⑯ 盐酸与四氯化铂作用生成氯铂酸：

$$PtCl_4 + 2HCl == H_2PtCl_6$$

⑰ 盐酸浓溶液与铂反应生成四氯化铂，放出氢气：

$$Pt + 4HCl == PtCl_4 + 2H_2\uparrow$$

⑱ 铂、金、银合金与硫酸反应将银溶解于硫酸中形成硫酸银，而铂、金不溶解。

$$2Ag + 2H_2SO_4 == Ag_2SO_4 + 2H_2O + SO_2\uparrow$$

⑲ 盐酸肼与氯铂酸铵在氨性溶液被还原为金属铂：

$$(NH_4)_2PtCl_6 + N_2H_4 \cdot 2HCl + 6NH_3 == 8NH_4Cl + N_2\uparrow + Pt\downarrow$$

⑳ 氯铂酸与铝、镁、锌反应有铂析出：

$$H_2PtCl_6 + 3Zn == Pt\downarrow + 3ZnCl_2 + H_2\uparrow$$

㉑ 氯铂酸盐与甲酸在中性沸溶液中反应有黑色铂析出：

$$Na_2PtCl_6 + 2HCOOH == Pt\downarrow + 2NaCl + 4HCl + 2CO_2$$

㉒ 铂与王水反应可生成淡橙黄色氯铂酸溶液：

$$3Pt + 4HNO_3 + 18HCl == 3H_2PtCl_6 + 4NO + 8H_2O$$

R

39. 铷 Rb

① 金属铷与水反应很剧烈放出氢气:

$$2Rb + 2H_2O = 2RbOH + H_2\uparrow$$

② 过氧化铷与氨化铷共加热生成铷、氮和氢氧化铷:

$$2Rb_2O_2 + 2RbNH_2 \xrightarrow{\triangle} 2Rb + N_2\uparrow + 4RbOH$$

③ 氯化铷溶液与三氯化金溶液反应生成黄色沉淀:

$$RbCl + AuCl_3 = RbAuCl_4\downarrow$$

④ 氯化铷与亚硝酸银作用生成亚硝酸铷:

$$RbCl + AgNO_2 = RbNO_2 + AgCl\downarrow$$

⑤ 溴和碘与溴化铷生成下列结晶:

$$2RbBr + Br_2 + I_2 = 2RbBr_2I\downarrow$$

⑥ 氯和碘与氯化铷溶液作用生成橙黄色沉淀:

$$2RbCl + Cl_2 + 3I_2 = 2RbCl_2I_3\downarrow$$

⑦ 碳酸铷与金属镁还原生成金属铷（被完全气化）:

$$Rb_2CO_3 + 3Mg \xrightarrow{\triangle} 2Rb + 3MgO + C$$

⑧ 氧化铷与硼酐（乙醇溶液中） 生成硼酸铷：

$$Rb_2O + 2B_2O_3 = Rb_2B_4O_7 \downarrow$$

⑨ 碳酸铷与氢氟酸反应生成氟化铷：

$$Rb_2CO_3 + 2HF = 2RbF + H_2O + CO_2$$

⑩ 硫酸铷与亚硝酸钡作用生成亚硝酸铷：

$$Rb_2SO_4 + Ba(NO_2)_2 = 2RbNO_2 + BaSO_4 \downarrow$$

⑪ 氯化铷与五氧化二碘作用生成无色结晶：

$$RbCl + I_2O_5 + H_2O = RbIO_3 \cdot HIO_3 \downarrow + HCl$$

⑫ 碳酸铷溶液与五氧化二碘作用有碘酸铷析出：

$$Rb_2CO_3 + I_2O_5 = 2RbIO_3 \downarrow + CO_2 \uparrow$$

⑬ 硫酸与碳酸铷生成硫酸铷：

$$Rb_2CO_3 + H_2SO_4 = Rb_2SO_4 + H_2O + CO_2 \uparrow$$

⑭ 氟化铷与硫酸生成硫酸铷：

$$2RbF + H_2SO_4 = Rb_2SO_4 + 2HF \uparrow$$

⑮ 氯化铷与三氯化锑反应生成沉淀：

$$RbCl + 2SbCl_3 + H_2O = RbCl \cdot (SbCl_3)_2 \cdot H_2O \downarrow$$

⑯ 氯化铜的浓盐酸溶液与氯化铷反应生成红色沉淀； 同样， 氯化锰、 氯化镍、 氯化锌有相似反应：

$$CuCl_2 + 2RbCl = CuCl_2 \cdot 2RbCl \downarrow$$

⑰ 酒石酸与氯化铷反应生成酒石酸氢铷：

$$RbCl + H_2C_4H_4O_6 \xlongequal{\quad} RbHC_4H_4O_6 + HCl$$

⑱ 氯化铁与氯化铷在浓盐酸溶液中反应生成下列物质：

$$FeCl_3 + 6RbCl \xlongequal{\quad} FeCl_3 \cdot 6RbCl$$

40. 铼 Re

① 三氧化铼加热时分解生成下列物质：

$$3ReO_3 \xlongequal{\triangle} ReO_2 + Re_2O_7$$

② 五氯化铼加热分解生成下列物质：

$$ReCl_5 \xlongequal{\triangle} ReCl_3 + Cl_2$$

③ 氟与金属铼迅速反应生成六氟化铼：

$$Re + 3F_2 \xlongequal{\quad} ReF_6$$

④ 氯气与铼反应生成五氯化铼：

$$2Re + 5Cl_2 \xlongequal{\quad} 2ReCl_5$$

⑤ 铼与溴反应生成三溴化铼：

$$2Re + 3Br_2 \xlongequal{\quad} 2ReBr_3$$

⑥ 二氧化铼与氧气流加热 160℃ 被氧化为黄色结晶七氧化二铼：

$$4ReO_2 + 3O_2 \xlongequal{\triangle} 2Re_2O_7$$

⑦ 铼与氧气在 160℃发生氧化反应，生成黄色结晶七氧化二铼：

$$4Re + 7O_2 \xrightarrow{\triangle} 2Re_2O_7$$

⑧ 用电解法测定化合物中的铼含量，铼被氧化成高铼酸，然后用标准碱溶液测定铼：

a. $$4Re + 2H_2O + 7O_2 = 4HReO_4$$

b. $$HReO_4 + NaOH = NaReO_4 + H_2O$$

⑨ 氢气在 800℃时可还原七氧化二铼至金属铼：

$$Re_2O_7 + 7H_2 \xrightarrow{\triangle} 2Re + 7H_2O$$

⑩ 硫化铼与氢气反应还原成灰黑色金属铼：

$$ReS_2 + 2H_2 = Re + 2H_2S$$

⑪ 高铼酸钾与氢还原成灰黑色铼：

a. $$KReO_4 + 4H_2 = Re + K + 4H_2O$$

b. $$2K + 2H_2O = 2KOH + H_2\uparrow$$

⑫ 高铼酸与氯化亚锡还原生成四氯氧化铼：

$$2HReO_4 + 10HCl + SnCl_2 = 2ReOCl_4 + SnCl_4 + 6H_2O$$

⑬ 高铼酸与碳酸钾或碳酸钠生成白色高铼酸钾（或钠）：

a. $$2HReO_4 + K_2CO_3 = 2KReO_4 + H_2O + CO_2\uparrow$$

b. $$2HReO_4 + Na_2CO_3 = 2NaReO_4 + H_2O + CO_2\uparrow$$

⑭ 硫化氢与高铼酸在酸性溶液中生成两种硫化铼：

a. $2HReO_4 + 5H_2S \xrightarrow{\quad} 2ReS_2 + 5H_2O + H_2SO_3$

b. $2HReO_4 + 7H_2S \xrightarrow{\quad} Re_2S_7 + 8H_2O$

⑮ 四氯氧化铼与硫氰酸钾反应生成硫氰酸氧化铼：

$$ReOCl_4 + 4KSCN \xrightarrow{\quad} ReO(SCN)_4 + 4KCl$$

⑯ 高铼酸钾与盐酸和碘化钾反应生成下列物质：

$$2KReO_4 + 6KI + 16HCl \xrightarrow{\quad} 2K_2ReCl_6 + 4KCl + 3I_2 + 8H_2O$$

⑰ 七氧化二铼与水生成高铼酸：

$$Re_2O_7 + H_2O \xrightarrow{\quad} 2HReO_4$$

⑱ 高铼酸与氢氧化钠中和生成高铼酸钠：

a. $HReO_4 + NaOH \xrightarrow{\quad} NaReO_4 + H_2O$

b. $HReO_4 + KOH \xrightarrow{\quad} KReO_4 + H_2O$

⑲ 六氯化二铼与氢氧化钾溶液生成黑色三氧化二铼：

$$Re_2Cl_6 + 6KOH \xrightarrow{\quad} Re_2O_3 + 6KCl + 3H_2O$$

41. 铑 Rh

① 铑溶于王水反应生成三氯化铑：

$$2Rh + 9HCl + 3HNO_3 \xrightarrow{\quad} 2RhCl_3 + 3NOCl + 6H_2O$$

② 二氧化铑水合物在空气中灼烧成无水的二氧化铑：

$$RhO_2 \cdot 2H_2O \xrightarrow{\triangle} RhO_2 + 2H_2O$$

二氧化铑与氢气加热还原成金属铑：

$$RhO_2 + 2H_2 \xrightarrow{\triangle} Rh + 2H_2O$$

③ 二氯化钛可还原三氯化铑为金属铑：

$$2RhCl_3 + 3TiCl_2 = 2Rh \downarrow + 3TiCl_4$$

④ 三氯化铑与碳酸氢钠反应生成黄色水合物三氧化二铑：

$$2RhCl_3 + 6NaHCO_3 = Rh_2O_3 \cdot 3H_2O \downarrow + 6NaCl + 6CO_2$$

⑤ 四氯化铑或其他四价铑盐类与碳酸氢钠在沸溶液中 pH 值为 6 时反应有容易过滤的绿色水合 RhO_2 析出：

$$RhCl_4 + 4NaHCO_3 = RhO_2 \cdot 2H_2O + 4NaCl + 4CO_2 \uparrow$$

⑥ 氯化钠与铑或铂的氯化物反应生成复盐：

$$RhCl_3 + 3NaCl = Na_3RhCl_6$$

⑦ 氯铑酸钠与硫化钠反应生成沉淀：

$$Na_3RhCl_6 + 3Na_2S = Na_3RhS_3 \downarrow + 6NaCl$$

⑧ 氯铑酸钠浓溶液中加入氢氧化铵长时间放置有黄色沉淀析出：

$$Na_3RhCl_6 + 5NH_4OH = RhCl_3 \cdot 5NH_3 \downarrow + 3NaCl + 5H_2O$$

⑨ 氯铑酸钠溶液中加入氢氧化钠长时间放置有黄色沉淀形成：

$$Na_3RhCl_6 + 3NaOH + H_2O = Rh(OH)_3 \cdot H_2O \downarrow + 6NaCl$$

过量的 NaOH 溶解沉淀当溶液煮沸时有淡棕黑色 Rh(OH)$_3$ 析出：

$$Rh(OH)_3 \cdot H_2O + 3NaOH \rightleftharpoons Na_3RhO_3 + 4H_2O$$

⑩ 三氯化铑在稀盐酸溶液中煮沸时加于 硫化氢反应生成 Rh$_2$S$_3$ 定量沉淀析出， 硫酸铑的硫酸溶液在同样的条件情况下， 铑不完全析出：

$$2RhCl_3 + 3H_2S == Rh_2S_3 \downarrow + 6HCl$$

42. 钌 Ru

① 二氧化钌加热可被氢气还原为金属钌：

$$RuO_2 + 2H_2 \xrightarrow{\triangle} Ru + 2H_2O$$

② 金属钌与氧气在 70℃被氧化为四氧化钌：

$$Ru + 2O_2 \xrightarrow{\triangle} RuO_4$$

③ 三氯化钌盐酸溶液与氯化铷反应生成黑色结晶复盐：

$$RuCl_3 + 2RbCl == RuCl_3 \cdot 2RbCl \downarrow$$

④ 四氧化钌溶解于氯水生成三氯化钌：

$$2RuO_4 + 7Cl_2 + 4H_2O == 2RuCl_3 + 8HCl + 6O_2 \uparrow$$

⑤ 钌酸钾与硝酸加热生成四氧化钌：

$$2K_2RuO_4 + 4HNO_3 \xrightarrow{\triangle} 4KNO_3 + Ru(OH)_4 + RuO_4$$

⑥ 钌与硝酸钾和氢氧化钾混合共熔生成钌酸钾：

$$Ru+6KNO_3+2KOH =\!=\!= K_2RuO_4+6NO_2+3K_2O+H_2O$$

⑦ 四氧化钌与氢溴酸反应生成溴亚钌酸：

$$2RuO_4+20HBr =\!=\!= 2H_2RuBr_5+8H_2O+5Br_2$$

⑧ 二硫酸钌加热分解成蓝色二氧化钌：

$$Ru(SO_4)_2 \xrightarrow{\triangle} RuO_2\downarrow +2SO_3\uparrow$$

⑨ 硫酸钌与二氧化硫和水反应生成下列物质：

$$2Ru(SO_4)_2+4SO_2+5H_2O =\!=\!= Ru_2(SO_3)_3+5H_2SO_4$$

⑩ 亚硫酸钌与硫酸反应生成下列物质：

$$RuSO_3+H_2SO_4 =\!=\!= RuS_2O_6+H_2O$$

⑪ 四氧化钌与亚硫酸反应生成下列物质：

$$2RuO_4+8H_2SO_3 =\!=\!= Ru_2(SO_3)_3+5H_2SO_4+3H_2O$$

⑫ 碳酸氢钠与三氯化钌生成氢氧化钌：

$$RuCl_3+3NaHCO_3 =\!=\!= Ru(OH)_3\downarrow +3NaCl+3CO_2$$

⑬ 钌与过氧化钠熔融生成钌酸钠：

$$Ru+3Na_2O_2 =\!=\!= Na_2RuO_4+2Na_2O$$

⑭ 三氯化钌与氢氧化钾生成黑色氢氧化钌沉淀：

$$3KOH+RuCl_3 =\!=\!= Ru(OH)_3\downarrow +3KCl$$

⑮ 亚硝酸钾与三氯化钌反应生成橙黄色溶液：

$$RuCl_3 + 6KNO_2 \Longrightarrow K_3Ru(NO_2)_6 + 3KCl$$

⑯ 四氯化钌与碳酸氢钠溶液反应生成氢氧化钌沉淀：

$$RuCl_4 + 4NaHCO_3 \Longrightarrow Ru(OH)_4 \downarrow + 4NaCl + 4CO_2$$

⑰ 次氯酸钠在碱性溶液中与钌盐反应生成四氧化钌：

$$Na_2RuCl_6 + 4NaOH + 2NaClO \Longrightarrow RuO_4 + 8NaCl + 2H_2O$$

⑱ 碘化钾与氯化钌生成黑色三碘化钌析出：

$$RuCl_3 + 3KI \Longrightarrow RuI_3 \downarrow + 3KCl$$

⑲ 二硫化钌与氯酸钾和盐酸氧化生成四氧化钌和三氯化钌：

$$8RuS_2 + 8KClO_3 + 6HCl \Longrightarrow 6RuO_4 + 2RuCl_3 + 8KCl + 3H_2S + 13S$$

⑳ 四氧化钌溶解于盐酸与氯化钾反应：

$$2RuO_4 + 16HCl + 4KCl \Longrightarrow 2K_2RuCl_5 + 8H_2O + 5Cl_2$$

㉑ 四氯化钌与王水再加入氯化钾反应生成下列物质：

$$RuO_4 + 3HCl + HNO_3 + 2KCl \Longrightarrow K_2RuCl_5 \cdot NO + 2H_2O + 2O_2 \uparrow$$

㉒ 三氯化钌与溴化钾反应生成黑色三溴化钌析出：

$$RuCl_3 + 3KBr \Longrightarrow RuBr_3 \downarrow + 3KCl$$

㉓ 三氯化钌与氯化钾有下列物质析出：

$$RuCl_3 + 2KCl \Longrightarrow K_2RuCl_5 \downarrow$$

㉔ 三溴化钌与溴化钾反应生成棕色复盐析出：

$$RuBr_3 + 2KBr \Longrightarrow RuBr_3 \cdot 2KBr \downarrow$$

㉕ 金属锌能还原三氯化钌成为黑色金属钌：

$$2RuCl_3 + 3Zn === 2Ru + 3ZnCl_2$$

㉖ **盐酸羟胺能还原四氯化钌生成三氯化钌：**

$$2RuCl_4 + 2NH_2OH \cdot HCl === 2RuCl_3 + N_2 + 4HCl + 2H_2O$$

㉗ **三氯化钌与硫化氢反应生成棕色硫化钌析出：**

$$2RuCl_3 + 3H_2S === Ru_2S_3 \downarrow + 6HCl$$

S

43. 硫　S

硫像磷一样，在许多材料中属于有害杂质。

① 硫化物在与非氧化性的酸如盐酸或稀硫酸作用时，分解出易挥发的硫化氢，其反应式：

$$MnS + 2HCl =\!\!\!= MnCl_2 + H_2S \uparrow$$

$$FeS + H_2SO_4 =\!\!\!= FeSO_4 + H_2S \uparrow$$

② 用碘量法测定硫，当温度在 1250～1300℃时，通氧气燃烧，其反应式：

$$S + O_2 =\!\!\!= SO_2$$

$$3FeS + 5O_2 =\!\!\!= Fe_3O_4 + 3SO_2$$

$$3MnS + 5O_2 =\!\!\!= Mn_2O_4 + 3SO_2$$

生成的二氧化硫可用水吸收生成亚硫酸：

$$SO_2 + H_2O =\!\!\!= H_2SO_3$$

然后用标准碘酸钾溶液来滴定，其反应式：

$$KIO_3 + 5KI + 6HCl =\!\!\!= 6KCl + 3I_2 + 3H_2O$$

$$H_2SO_3 + I_2 + H_2O =\!\!\!= H_2SO_4 + 2HI$$

③ 用过氧化氢吸收用标准氢氧化钠溶液来滴定亚硫酸的反应式：

$$H_2SO_3 + H_2O_2 = H_2SO_4 + H_2O$$

$$H_2SO_4 + 2NaOH = Na_2SO_4 + 2H_2O$$

④ 亚硝基铁氰化钠 [$Na_4Fe(CN)_5NO \cdot 2H_2O$] 可与 S^{2-} 离子反应成为淡红紫色，但与 HS^- 离子无颜色反应。H_2S 本身不发生这个反应，当溶液呈碱性时，才有颜色出现：

$$2OH^- + H_2S \rightleftharpoons S^{2-} + 2H_2O$$

这个反应所形成的化合物为 $Na_4Fe(CN)_5NOS$，它的结构式可能形成一个络离子。

$$[Fe(CN)_5NO]^{2-} + S^{2-} \longrightarrow \left[\begin{array}{c} (CN)_5 \\ Fe \diagdown O \\ N \\ \| \\ S \end{array} \right]^{4-}$$

⑤ 硫化铁与氧反应：

$$3FeS + 7O_2 = 2Fe_2O_3 + 4SO_2$$

44. 硅 Si

硅在生铁、铸铁和钢中主要是以 $FeSi$、Mn_2Si、Cr_2Si_3 的形式存在着，少量的硅也形成硅酸盐，如 $2FeO \cdot SiO_2$、$2MnO \cdot SiO_2$、$A_2O_3 \cdot SiO_2$，硅与氧化亚铁作用形成氧化硅，氧化亚铁还原：

$$2FeO + Si = SiO_2 + 2Fe$$

① 用酸溶解金属试料时硅化铁分解形成硅酸的反应式：

$$FeSi + 6HCl \Longrightarrow FeCl_2 + SiCl_4 + 3H_2 \uparrow$$

$$SiCl_4 + 3H_2O \Longrightarrow SiO_2 \cdot H_2O + 4HCl$$

所生成的中间产物四氯化硅如有水存在易迅速分解成硅酸。

② 不溶于水和不被酸分解的硅化合物，可与碳酸钠和氢氧化钠熔化成可溶性的硅酸盐，其反应式：

$$SiO_2 + 2NaOH \Longrightarrow Na_2SiO_3 + H_2O$$

$$SiO_2 + Na_2CO_3 \Longrightarrow Na_2SiO_3 + CO_2$$

$$KAlSi_3O_8 + 3Na_2CO_3 \Longrightarrow 3Na_2SiO_3 + KAlO_2 + 3CO_2$$

可溶性硅酸盐用酸可溶解生成原硅酸：

$$Na_2SiO_3 + 2HCl + H_2O \Longrightarrow 2NaCl + H_4SiO_4$$

原硅酸烘干分解出水而变为二氧化硅：

$$H_4SiO_4 \xrightarrow{\triangle} SiO_2 + 2H_2O$$

③ 在浓硫酸中以氢氟酸作用于二氧化硅生成气态的 SiF_4，其反应式：

$$2CaF_2 + 2H_2SO_4 \Longrightarrow 2CaSO_4 + 4HF$$

$$SiO_2 + 4HF \Longrightarrow 2H_2O + SiF_4$$

$$SiO_2 + 2CaF_2 + 2H_2SO_4 \Longrightarrow 2H_2O + 2CaSO_4 + SiF_4$$

④ 硅酸与氢氟酸反应：

$$H_2SiO_3 + 4HF =\!=\!= SiF_4 \uparrow + 3H_2O$$

⑤ **硅酸与氢氧化钠反应：**

$$H_2SiO_3 + 2NaOH =\!=\!= Na_2SiO_3 + 2H_2O$$

⑥ **硅酸钙与盐酸反应：**

$$CaSiO_3 + 2HCl + nH_2O =\!=\!= SiO_2 \cdot (n+1)\ H_2O + CaCl_2$$

$$SiO_2 \cdot nH_2O =\!=\!= SiO_2 + nH_2O$$

⑦ **二氧化硅与氢氟酸反应：**

$$SiO_2 + 4HF =\!=\!= SiF_4 + 2H_2O$$

$$3SiF_4 + 4H_2O =\!=\!= 2H_2SiF_6 + Si(OH)_4$$

$$SiF_4 + 2HF =\!=\!= H_2SiF_6$$

⑧ **氟硅酸钠溶液与氢氧化钠溶液中和时的反应式：**

$$Na_2SiF_6 + 4NaOH =\!=\!= 6NaF + H_4SiO_4$$

当 NaOH 和水与硅反应有氢气放出：

$$2NaOH + Si + H_2O =\!=\!= Na_2SiO_3 + 2H_2 \uparrow$$

⑨ **水玻璃中的二氧化硅的测定反应式：**

$$SiO_2 + 6NaF + 4HCl =\!=\!= Na_2SiF_6 + 4NaCl + 2H_2O$$

⑩ **氢氧化钾溶解于二氧化硅中，加入过量的盐酸生成硅酸的反应式：**

$$SiO_2 + 2KOH =\!=\!= K_2SiO_3 + H_2O$$

$$K_2SiO_3 + 2HCl =\!=\!= H_2SiO_3 \downarrow + 2KCl$$

⑪氟硅酸与水分解成氢氟酸和原硅酸，其反应式：

$$H_2SiF_6 + 4H_2O = 6HF + H_4SiO_4$$

⑫ 氟硅酸与氯化钾生成不溶性的氟硅酸钾的反应式：

$$2KCl + H_2SiF_6 = K_2SiF_6 \downarrow + 2HCl$$

45. 硒 Se

① 硒酸钾溶液在电解时发生下列反应：

$$2K_2SeO_4 + 2H_2O = K_2Se_2O_8 + 2KOH + H_2 \uparrow$$

② 氯化亚锡可还原硒酸为亚硒酸：

$$H_2SeO_4 + SnCl_2 = H_2SeO_3 + SnOCl_2$$

③ 硒酸浓溶液与过量的氢碘酸反应生成亚硒酸，最后形成硒析出：

a.　　$$H_2SeO_4 + 2HI = H_2SeO_3 + I_2 + H_2O$$

b.　　$$H_2SeO_3 + 4HI = Se \downarrow + 2I_2 + 3H_2O$$

④ 亚硒酸与硝酸银溶液反应生成亚硒酸银析出：

$$H_2SeO_3 + 2AgNO_3 + ZnO = Ag_2SeO_3 \downarrow + Zn(NO_3)_2 + H_2O$$

⑤ 硒化锌与二氯化二硒反应有氯化锌和硒生成：

$$Se_2Cl_2 + ZnSe = ZnCl_2 + 3Se$$

⑥ 碲与二氯化二硒生成四氯化碲：

$$2Se_2Cl_2 + Te \overline{\quad\quad} TeCl_4 + 4Se$$

⑦ 硅与二氯化二硒反应生成四氯化硅和硒：

$$2Se_2Cl_2 + Si \overline{\quad\quad} SiCl_4 + 4Se$$

⑧ 金属钠与二氯化二硒加热反应有氯化钠和硒析出：

$$Se_2Cl_2 + 2Na \overline{\quad\quad} 2NaCl + 2Se$$

⑨ 二氯化二硒与氧化镁反应生成下列物质：

$$2Se_2Cl_2 + MgO \overline{\quad\quad} MgCl_2 + SeOCl_2 + 3Se$$

⑩ 二氯化二硒与镁反应生成硒和氯化镁：

$$Se_2Cl_2 + Mg \overline{\quad\quad} MgCl_2 + 2Se$$

⑪ 二氧化硒与过氧化钠在瓷坩埚中加热有白色熔化的硒酸钠

$$SeO_2 + Na_2O_2 \overline{\quad\quad} Na_2SeO_4$$

⑫ 亚硒酸水溶液与连二亚硫酸钠反应还原为硒析出：

$$H_2SeO_3 + Na_2S_2O_4 \overline{\quad\quad} Se\downarrow + Na_2SO_4 + SO_2 + H_2O$$

⑬ 亚硒酸与硫代硫酸钠溶液反应生成下列物质：

$$4Na_2S_2O_3 + H_2SeO_3 + 4HCl \overline{\quad\quad}$$
$$Na_2SeS_4O_6 + Na_2S_4O_6 + 4NaCl + 3H_2O$$

⑭ 二氧化硒可被硫代硫酸钠还原生成下列物质：

$$SeO_2 + 4HCl + 4Na_2S_2O_3 \overline{\quad\quad}$$
$$Na_2S_4SeO_6 + Na_2S_4O_6 + 4NaCl + 2H_2O$$

⑮ 二氧化硒的浓溶液与硫代硫酸钠混合有硒析出：

$$SeO_2 + 4Na_2S_2O_3 + 2H_2O \longrightarrow Se\downarrow + 2Na_2S_4O_6 + 4NaOH$$

⑯ 亚硒酸与氢氧化钠中和反应有亚硒酸钠生成：

$$H_2SeO_3 + 2NaOH \longrightarrow Na_2SeO_3 + 2H_2O$$

⑰ 二氧化硒可被过氧化氢氧化为硒酸：

$$SeO_2 + H_2O_2 \longrightarrow H_2SeO_4$$

⑱ 亚硒酸溶液加入高锰酸生成硒酸：

$$3H_2SeO_3 + 2HMnO_4 \longrightarrow 3H_2SeO_4 + 2MnO_2 + H_2O$$

⑲ 在碱性溶液中高锰酸钾与亚硒酸反应生成硒酸：

$$3H_2SeO_3 + 2KMnO_4 + 2KOH \longrightarrow 3H_2SeO_4 + 2K_2MnO_3 + H_2O$$

⑳ 在硝酸溶液中高锰酸钾与二氧化硒反应生成硒酸：

$$3SeO_2 + 2KMnO_4 + 2HNO_3 + 2H_2O \longrightarrow$$
$$3H_2SeO_4 + 2MnO_2 + 2KNO_3$$

㉑ 二氧化硒与高锰酸钾反应：

$$2SeO_2 + 2KMnO_4 \longrightarrow 2SeO_3 + MnO_2 + K_2MnO_4$$

㉒ 二氧化硒与氢溴酸反应生成下列化合物：

$$SeO_2 + 4HBr \longrightarrow SeO_2 \cdot 4HBr$$

㉓ 二氧化硒与盐酸反应：
$$SeO_2 + 4HCl \longrightarrow SeCl_4 + 2H_2O$$
四氯化硒与二氧化硫反应还原出硒：

$$SeCl_4 + 2SO_2 + 4H_2O \rlap{=\!=} Se + 2H_2SO_4 + 4HCl$$

硒与硝酸反应：

$$3Se + 4HNO_3 \rlap{=\!=} 3SeO_2 + 4NO\uparrow + 2H_2O$$

㉔ 硒与硝酸反应生成亚硒酸：

$$2HNO_3 + Se \rlap{=\!=} H_2SeO_3 + NO_2\uparrow + NO$$

㉕ 锡与二氯化二硒作用有氯化锡和硒生成：

$$Sn + 2Se_2Cl_2 \rlap{=\!=} SnCl_4 + 4Se$$

㉖ 氧化亚铁与二氧化硒反应有硒析出：

$$4FeO + SeO_2 \rlap{=\!=} 2Fe_2O_3 + Se$$

㉗ 氧化亚铁与硒化钠反应有硒化亚铁生成：

$$FeO + Na_2Se \rlap{=\!=} FeSe + Na_2O$$

㉘ 氧化亚铁与亚硒酸钠反应生成硒：

$$4FeO + Na_2SeO_3 \rlap{=\!=} 2Fe_2O_3 + Se + Na_2O$$

㉙ 二氯化二硒与氯化亚铁反应有硒析出：

$$Se_2Cl_2 + 2FeCl_2 \rlap{=\!=} 2FeCl_3 + 2Se$$

㉚ 二氯化二硒与铁反应有硒析出：

$$3Se_2Cl_2 + 2Fe \rlap{=\!=} 2FeCl_3 + 6Se$$

㉛ 硒化银与二氯化二硒反应有硒析出：

$$Ag_2Se + Se_2Cl_2 \rlap{=\!=} 2AgCl + 3Se$$

㉜ 二氯氧化硒与氧化钴反应有氧化硒生成：

$$SeOCl_2 + CoO = CoCl_2 + SeO_2$$

㉝ 二氯化二硒与氧化钙反应有硒析出：

$$2Se_2Cl_2 + CaO = CaCl_2 + SeOCl_2 + 3Se$$

㉞ 氯化亚铜与二氯化二硒反应有硒析出：

$$Se_2Cl_2 + 2CuCl = 2CuCl_2 + 2Se$$

㉟ 氯化亚锡与二氯化二硒反应有硒析出：

$$Se_2Cl_2 + SnCl_2 = SnCl_4 + 2Se$$

㊱ 二氯化二硒与硫化铜反应有硒和硫析出：

$$Se_2Cl_2 + CuS = CuCl_2 + S + 2Se$$

㊲ 氧化铜与二氯氧化硒反应：

$$SeOCl_2 + CuO = CuCl_2 + SeO_2$$

㊳ 铜 与二氯化二硒反应有硒析出：

$$Se_2Cl_2 + Cu = CuCl_2 + 2Se$$

㊴ 二氯氧化硒与铜反应有二氧化硒生成：

$$3Cu + 4SeOCl_2 = 3CuCl_2 + 2SeO_2 + Se_2Cl_2$$

㊵ 亚硒酸与溴反应生成下列物质：

$$H_2SeO_3 + Br_2 + H_2O = H_2SeO_4 + 2HBr$$

㊶ 二氯化二硒与水反应有硒析出：

$$2Se_2Cl_2 + 3H_2O = 4HCl + H_2SeO_3 + 3Se\downarrow$$

㊷ 二氧化硒与水生成亚硒酸：

$$SeO_2 + H_2O =\!=\!= H_2SeO_3$$

㊸ 硒与亚硫酸钠反应：

$$Se + Na_2SO_3 =\!=\!= Na_2SeSO_3$$

㊹ 胶态红色硒可被溴酸钾定量地氧化为亚硒酸：

$$3Se + 2KBrO_3 + 3H_2O =\!=\!= 3H_2SeO_3 + 2KBr$$

㊺ 硒与浓硫酸生成下列物质：

$$Se + H_2SO_4 =\!=\!= SeSO_3 + H_2O$$

㊻ 亚硒酸与碘化钾在硝酸溶液反应生成下列物质：

$$H_2SeO_3 + 4KI + 4HNO_3 =\!=\!= Se + 2I_2 + 4KNO_3 + 3H_2O$$

㊼ 硒与发烟硝酸反应生成硒酸：

$$3Se + 6HNO_3 =\!=\!= 3H_2SeO_4 + 6NO$$

㊽ 硒和四氧化三铁在玻璃中当温度升高其颜色发生变化：

$$2Se + 2Fe_3O_4 \underset{降温}{\overset{升温}{\rightleftharpoons}} 2FeSe + 2Fe_2O_3 + O_2 \uparrow$$

（红）　（蓝）　　　（黄一棕）

（棕）

㊾ 硒被王水氧化为亚硒酸：

$$Se + 4HNO_3 + 8HCl =\!=\!= H_2SeO_3 + 4Cl_2 \uparrow + 5H_2O + 4NO$$

㊿ 硫化氢与亚硒酸反应有硒析出：

$$H_2SeO_3 + 2H_2S =\!=\!= Se + 2S + 3H_2O$$

46. 锡 Sn

① 锡试样用盐酸溶解的反应式:

$$Sn + 2HCl = SnCl_2 + H_2 \uparrow$$

② 锡不能用硝酸溶解，因为可形成锡酸的沉淀:

$$Sn + 2HNO_3 = H_2SnO_3 \downarrow + NO_2 \uparrow + NO \uparrow$$

$$3Sn + 16HNO_3 = 3Sn(NO_3)_4 + 4NO \uparrow + 8H_2O$$

$$Sn(NO_3)_4 + 3H_2O = H_2SnO_3 \downarrow + 4HNO_3$$

③ 锡可溶解于王水中:

$$3Sn + 4HNO_3 + 12HCl = 4NO \uparrow + 8H_2O + 3SnCl_4$$

锡可溶解于硫酸中:

$$Sn + 4H_2SO_4 = 2SO_2 + 4H_2O + Sn(SO_4)_2$$

$$Sn + H_2SO_4 = SnSO_4 + H_2 \uparrow$$

④ 用金属铝片在酸性介质中将四价锡还原成二价锡的反应式:

$$SnCl_4 + Al + HCl = SnCl_2 + AlCl_3 + H^+$$

用碘酸钾溶液滴定其反应式:

$$KIO_3 + KI + 2SnCl_2 + 6HCl = 2KCl + 2SnCl_4 + I_2 + 3H_2O$$

⑤ 锡酸灼烧后生成二氧化锡:

$$H_2SnO_3 = H_2O + SnO_2$$

二氯化锡与 H_2O 作用水解的反应式：

$$SnCl_2 + 2H_2O =\!=\!= Sn(OH)_2 + 2HCl$$

⑥ **通常用二氯化锡将三价铁还原成二价铁的反应式：**

$$2FeCl_3 + SnCl_2 =\!=\!= 2FeCl_2 + SnCl_4$$

过量的二氯化锡用氯化汞来氧化的反应式：

$$SnCl_2 + 2HgCl_2 =\!=\!= SnCl_4 + 2HgCl$$

大过量的二氯化锡将氯化汞还原成灰色金属汞的反应式：

$$SnCl_2 + HgCl_2 =\!=\!= SnCl_4 + Hg$$

⑦ **碳酸钠溶液与二氯化锡溶液作用形成沉淀：**

$$3SnCl_2 + 3Na_2CO_3 + 2H_2O =\!=\!= (SnO)_3 \cdot 2H_2O \downarrow + 6NaCl + 3CO_2$$

⑧ **重铬酸钾溶液在酸性介质中与二氯化锡的反应式：**

$$K_2Cr_2O_7 + 3SnCl_2 + 14HCl =\!=\!= 2KCl + 2CrCl_3 + 7H_2O + 3SnCl_4$$

⑨ **高锰酸钾溶液在酸性介质中与二氯化锡的反应式：**

$$2KMnO_4 + 6HCl + 5SnCl_2 =\!=\!= 5SnOCl_2 + 2KCl + 2MnCl_2 + 3H_2O$$

⑩ **硝酸银可与四氯化锡溶液（用碳酸酸化过的溶液）反应：**

$$SnCl_4 + 4AgNO_3 =\!=\!= 4AgCl + Sn(NO_3)_4$$

47. 锑 Sb

① **四氯化锡与五氯化锑和铝反应有锑析出：**

$$SnCl_4 + 2SbCl_5 + 4Al \rule[0.5ex]{2em}{0.4pt} SnCl_2 + 2Sb\downarrow + 4AlCl_3$$

② 五氧化二锑与盐酸反应有五氯化锑生成：

$$Sb_2O_5 + 10HCl \rule[0.5ex]{2em}{0.4pt} 5H_2O + 2SbCl_5$$

③ 四氯化碳与三氟化锑反应生成氟利昂（CCl_2F_2）：

$$3CCl_4 + 2SbF_3 \rule[0.5ex]{2em}{0.4pt} 3CCl_2F_2 + 2SbCl_3$$

④ 辉锑矿中的硫用碱金属硫化形式测定：

a. $\quad Sb_2S_3 + 6NaOH \rule[0.5ex]{2em}{0.4pt} Na_3SbS_3 + Na_3SbO_3 + 3H_2O$

b. $Na_3SbS_3 + Na_3SbO_3 + 2Al + 6NaOH \rule[0.5ex]{2em}{0.4pt}$

$$2Na_3AlO_3 + 2Sb\downarrow + 3H_2O + 3Na_2S$$

c. $\qquad 3Na_2S + 3I_2 \rule[0.5ex]{2em}{0.4pt} 3S + 6NaI$

⑤ 三硫化二锑与氢氧化钾反应：

$$Sb_2S_3 + 6KOH \rule[0.5ex]{2em}{0.4pt} K_3SbO_3 + K_3SbS_3 + 3H_2O$$

⑥ 辉锑矿溶于氯化硫可迅速反应：

$$Sb_2S_3 + 3S_2Cl_2 \rule[0.5ex]{2em}{0.4pt} 2SbCl_3 + 9S$$

⑦ 三氧化二锑与氢氟酸反应生成三氟化锑：

$$Sb_2O_3 + 6HF \rule[0.5ex]{2em}{0.4pt} 2SbF_3 + 3H_2O$$

⑧ 硝酸银与偏亚锑酸钾在碱性溶液中反应有金属银析出：

$$2AgNO_3 + 6KSbO_2 \rule[0.5ex]{2em}{0.4pt}$$

$$2Sb\downarrow + 4SbO_3K + 2Ag\downarrow + 2KNO_3$$

⑨ 三氢化锑与硝酸银反应生成金属银和亚锑酸:

a.　　　　$SbH_3 + 3AgNO_3 \!=\!=\!= Ag_3Sb + 3HNO_3$

b.　　$Ag_3Sb + 3AgNO_3 + 3H_2O \!=\!=\!= 6Ag + H_3SbO_3 + 3HNO_3$

⑩ 三氯化锑与维生素 A 溶液反应有蓝色出现:

$$C_{20}H_{29}OH + SbCl_3 \!=\!=\!= C_{20}H_{29}OH \cdot SbCl_3$$

⑪ 三价锑可被重铬酸钾定量氧化为五价锑:

$$3H_3SbO_3 + K_2Cr_2O_7 + 8HCl \!=\!=\!=$$
$$3H_3SbO_4 + 2CrCl_3 + 2KCl + 4H_2O$$

⑫ 三价锑与溴酸钾反应被氧化为五价锑:

$$3H_3SbO_3 + KBrO_3 \!=\!=\!= 3H_3SbO_4 + KBr$$

⑬ 三价锑与碘反应氧化为五价锑:

$$H_3SbO_3 + I_2 + H_2O \!=\!=\!= H_3SbO_4 + 2HI$$

⑭ 高锰酸钾与硫酸亚锑反应如下:

$$5Sb_2(SO_4)_3 + 4KMnO_4 + 24H_2O \!=\!=\!=$$
$$10H_3SbO_4 + 4MnSO_4 + 2K_2SO_4 + 9H_2SO_4$$

⑮ 三价锑在盐酸溶液中被高锰酸钾氧化为五价锑:

$$5H_3SbO_3 + 2KMnO_4 + 6HCl \!=\!=\!=$$
$$5H_3SbO_4 + 2MnCl_2 + 2KCl + 3H_2O$$

⑯ 三氧化二锑在盐酸溶液中与高锰酸钾反应生成五氧化二锑:

$$5Sb_2O_3 + 4KMnO_4 + 12HCl \!=\!=\!=$$
$$5Sb_2O_5 + 4MnCl_2 + 4KCl + 6H_2O$$

⑰ 三氢化锑气体能还原高锰酸钾溶液：

$$2KMnO_4 + SbH_3 \Longrightarrow Mn_2O_3 + K_2HSbO_4 + H_2O$$

⑱ 锑酸钾与硝酸反应有锑酸生成：

$$K_3SbO_4 + 3HNO_3 \Longrightarrow H_3SbO_4 + 3KNO_3$$

⑲ 三氧化二锑与硫酸反应有硫酸锑生成：

$$Sb_2O_3 + 3H_2SO_4 \Longrightarrow Sb_2(SO_4)_3 + 3H_2O$$

⑳ 三氧化二锑与碳酸钠反应有偏亚锑酸钠生成：

$$Sb_2O_3 + Na_2CO_3 \Longrightarrow 2NaSbO_2 + CO_2$$

㉑ 三氯化锑与碳酸铵沉淀后，将沉淀洗涤干燥并灼烧得三氧化二锑：

a. $3(NH_4)_2CO_3 + 2SbCl_3 \Longrightarrow 6NH_4Cl + Sb_2(CO_3)_3 \downarrow$

b. $\qquad Sb_2(CO_3)_3 \overset{\triangle}{\Longrightarrow} Sb_2O_3 + 3CO_2 \uparrow$

㉒ 三氯化锑与硫代硫酸钠溶液混合加热后有红色沉淀称为锑朱砂，含有硫化锑和氧化锑：

$$4SbCl_3 + 3Na_2S_2O_3 + 6H_2O \Longrightarrow$$
$$Sb_2O_3 \cdot Sb_2S_2 + 3Na_2SO_4 + 12HCl + S$$

㉓ 三氯化锑与水反应生成三氧化二锑：

$$2SbCl_3 + 3H_2O \Longrightarrow Sb_2O_3 + 6HCl$$

㉔ 三氧化二锑与酒石酸氢钾反应形成酒石酸氧锑钾：

$$2KHC_4H_4O_6 + Sb_2O_3 \Longrightarrow H_2O + 2K(SbO)C_4H_4O_6$$

㉕ 三氯化锑与氢氧化钠或碳酸钠反应几乎可得到定量的 Sb_2O_3 沉淀：

$$2SbCl_3 + 6NaOH =\!\!=\!\!= 6NaCl + 3H_2O + Sb_2O_3 \downarrow$$

$$2SbCl_3 + 3Na_2CO_3 =\!\!=\!\!= 6NaCl + 3CO_2 \uparrow + Sb_2O_3 \downarrow$$

㉖ 三氯化锑与高锰酸钾反应：

$$5SbCl_3 + 16HCl + 2KMnO_4 =\!\!=\!\!=$$

$$5SbCl_5 + 2KCl + 2MnCl_2 + 8H_2O$$

48. 锶　Sr

① 硝酸锶与过氧化钠的水溶液反应后生成八水合过氧化锶：

$$Sr(NO_3)_2 + Na_2O_2 + 8H_2O =\!\!=\!\!= 2NaNO_3 + SrO_2 \cdot 8H_2O$$

② 氯化锶与玫棕酸钠反应后有红色沉淀生成：

$$SrCl_2 + Na_2C_6O_6 =\!\!=\!\!= SrC_6O_6 \downarrow + 2NaCl$$

③ 在醇溶液中氯化锶与氟硅酸生成氟硅酸锶沉淀，氯化钙有同样形式反应：

a.　　　$H_2SiF_6 + SrCl_2 =\!\!=\!\!= SrSiF_6 \downarrow + 2HCl$

b.　　　$H_2SiF_6 + CaCl_2 =\!\!=\!\!= CaSiF_6 \downarrow + 2HCl$

④ 氯化锶溶液与铬酸铵滴加几滴醋酸有铬酸锶沉淀生成：

$$SrCl_2 + (NH_4)_2CrO_4 =\!\!=\!\!= SrCrO_4 \downarrow + 2NH_4Cl$$

⑤ 用电导法测定锶，在乙醇和水的混合液中用铬酸锂滴定氯化锶生成铬酸锶沉淀（有明显的终点）：

$$SrCl_2 + Li_2CrO_4 \rightleftharpoons SrCrO_4 \downarrow + 2LiCl$$

⑥ 用电导法测定锶，用草酸锂来滴定锶时，加入少量的乙醇和醋酸，以减少沉淀的溶解度：

$$SrCl_2 + Li_2C_2O_4 \rightleftharpoons SrC_2O_4 \downarrow + 2LiCl$$

⑦ 碳酸锶与亚硒酸反应，生成亚硒酸氢锶、水和二氧化碳：

$$SrCO_3 + 2H_2SeO_3 \rightleftharpoons Sr(HSeO_3)_2 + H_2O + CO_2 \uparrow$$

⑧ 亚硒酸与亚硒酸锶的混合溶液，加热至 60℃即有长形透明的单晶亚硒酸氢锶生成：

$$SrSeO_3 + H_2SeO_3 \rightleftharpoons Sr(HSeO_3)_2$$

⑨ 碳酸锶溶解于硫氰酸中，从溶液中生成水合三硫氰酸氢锶的黄色结晶出来：

a. $$SrCO_3 + 3HSCN \rightleftharpoons SrH(SCN)_3 + H_2O + CO_2 \uparrow$$

b. $$SrH(SCN)_3 + 5H_2O \rightleftharpoons SrH(SCN)_3 \cdot 5H_2O$$

⑩ 氢氧化锶与磷酸中和生成磷酸氢锶：

$$Sr(OH)_2 + H_3PO_4 \rightleftharpoons SrHPO_4 + 2H_2O$$

⑪ 氢碘酸与硫酸锶加热反应生成碘化锶、硫化氢、水及碘：

$$SrSO_4 + 10HI \xrightarrow{\triangle} SrI_2 + H_2S + 4H_2O + 4I_2$$

⑫ 氧化锶与盐酸反应生成氯化锶：

$$SrO + 2HCl = SrCl_2 + H_2O$$

⑬ 过氧化氢与硝酸锶的氨性溶液反应生成水合过氧化锶：

$$Sr(NO_3)_2 + H_2O_2 + 2NH_4OH = SrO_2 \cdot 2H_2O + 2NH_4NO_3$$

⑭ 硝酸铵与碳酸锶反应生成硝酸锶和碳酸铵：

$$SrCO_3 + 2NH_4NO_2 = Sr(NO_3)_2 + (NH_4)_2CO_3$$

⑮ 硫酸钠与硝酸锶反应生成水合硫酸锶：

$$Sr(NO_3)_2 + Na_2SO_4 + H_2O = SrSO_4 \cdot H_2O \downarrow + 2NaNO_3$$

49. 钪 Sc

① 三氧化二钪与盐酸反应生成三氯化钪，再与氟化铵反应有 ScF_3 生成：

a. $$Sc_2O_3 + 6HCl = 2ScCl_3 + 3H_2O$$

b. $$ScCl_3 + 3NH_4F = ScF_3 \downarrow + 3NH_4Cl$$

② 氢氧化钪与醋酸反应生成下列物质：

$$2CH_3COOH + Sc(OH)_3 = (CH_3COO)_2ScOH \cdot 2H_2O$$

③ 碘酸铵和硝酸钪反应生成碘酸钪沉淀：

$$3NH_4IO_3 + Sc(NO_3)_3 + 18H_2O =$$

$$Sc(IO_3)_3 \cdot 18H_2O \downarrow + 3NH_4NO_3$$

④ 硝酸钪在加热时分解生成三氧化二钪：

$$4Sc(NO_3)_3 \xrightarrow{\triangle} 2Sc_2O_3 + 12NO_2 + 3O_2\uparrow$$

⑤ 氢氧化钪加热分解成三氧化二钪：

$$2Sc(OH)_3 \xrightarrow{\triangle} Sc_2O_3 + 3H_2O$$

⑥ 草酸钪灼烧时生成三氧化二钪：

$$Sc_2(C_2O_4)_3 \xrightarrow{\triangle} Sc_2O_3 + 3CO\uparrow + 3CO_2\uparrow$$

⑦ 硫酸钪加热分解生成三氧化二钪：

$$2Sc_2(SO_4)_3 \xrightarrow{\triangle} 2Sc_2O_3 + 6SO_2\uparrow + 3O_2\uparrow$$

⑧ 氧化钪与硼酸共熔化生成硼酸钪：

$$2H_3BO_3 + Sc_2O_3 = 2ScBO_3 + 3H_2O$$

⑨ 盐酸溶解三氧化钪生成氯化钪：

$$Sc_2O_3 + 6HCl + 3H_2O = 2ScCl_3 \cdot 6H_2O$$

⑩ 氢氧化钪溶解于硝酸中生成四水硝酸钪：

$$Sc(OH)_3 + 3HNO_3 + H_2O = Sc(NO_3)_3 \cdot 4H_2O$$

⑪ 三氧化钪与硫酸反应生成白色块状硫酸钪：

$$Sc_2O_3 + 3H_2SO_4 = Sc_2(SO_4)_3 + 3H_2O$$

⑫ 氢氧化钪与硫酸反应生成六水硫酸钪：

$$2Sc(OH)_3 + 3H_2SO_4 = Sc_2(SO_4)_3 \cdot 6H_2O$$

⑬ 碳酸钠与氯化钪溶液反应生成白色碳酸钪析出：

$$3Na_2CO_3 + 2ScCl_3 = Sc_2(CO_3)_3 \downarrow + 6NaCl$$

⑭ **氯化钪溶液中加入硫化铵反应生成白色氢氧化钪：**

$$3(NH_4)_2S + 2ScCl_3 + 6H_2O = 2Sc(OH)_3 \downarrow + 6NH_4Cl + 3H_2S$$

⑮ **三氯化钪与氢氧化铵反应生成氢氧化钪：**

$$ScCl_3 + 3NH_4OH = Sc(OH)_3 \downarrow + 3NH_4Cl$$

⑯ **三氯化钪与氢氧化钾反应生成氢氧化钪：**

$$ScCl_3 + 3KOH = Sc(OH)_3 \downarrow + 3KCl$$

⑰ **硫代硫酸钠与氯化钪反应生成硫代硫酸钪析出：**

$$3Na_2S_2O_3 + 2ScCl_3 = Sc_2(S_2O_3)_3 \downarrow + 6NaCl$$

⑱ **氢氟酸与三氯化钪反应有氟化钪沉淀生成：**

$$ScCl_3 + 3HF = ScF_3 \downarrow + 3HCl$$

⑲ **草酸与三氯化钪反应有草酸钪沉淀生成：**

$$2ScCl_3 + 3H_2C_2O_4 = Sc_2(C_2O_4)_3 \downarrow + 6HCl$$

T

50. 碲　Te

① 硫代碲酸钠与亚硫酸钠溶液反应有碲析出：

$$3Na_2SO_3 + Na_2TeS_4 \longrightarrow Te\downarrow + 3Na_2S_2O_3 + Na_2S$$

② 碲酸溶液可被硫化氢还原：

$$H_2TeO_4 + 3H_2S \longrightarrow 4H_2O + Te + 3S$$

③ 碲酸与盐酸反应生成四氯化碲：

$$H_2TeO_4 + 6HCl \longrightarrow Cl_2\uparrow + TeCl_4 + 4H_2O$$

④ 碲酸钾与盐酸反应生成亚碲酸：

$$K_2TeO_4 + 4HCl \longrightarrow H_2TeO_3 + 2KCl + H_2O + Cl_2\uparrow$$

⑤ 亚碲酸在酸性溶液中与重铬酸钾反应有下列物质生成：

$$3H_2TeO_3 + K_2Cr_2O_7 + 8HCl \longrightarrow$$
$$3H_2TeO_4 + 2CrCl_3 + 2KCl + 4H_2O$$

⑥ 二氧化碲与重铬酸钾反应生成碲酸：

$$3TeO_2 + K_2Cr_2O_7 + 8HCl \longrightarrow$$
$$3H_2TeO_4 + 2KCl + 2CrCl_3 + H_2O$$

⑦ 碲在王水溶液中纯化与亚硫酸反应有碲析出：

a.　　$Te + HNO_3 + 3HCl \Longrightarrow TeCl_2 + NOCl + 2H_2O$

b.　　$TeCl_2 + H_2SO_3 + H_2O \Longrightarrow Te + H_2SO_4 + 2HCl$

⑧ 亚碲酸在硝酸溶液中与碘化钾反应有碲析出， 碘用硫代硫酸钠滴定：

a.　　$H_2TeO_3 + 4KI + 4HNO_3 \Longrightarrow Te + 2I_2 + 4KNO_3 + 3H_2O$

b.　　$I_2 + 2Na_2S_2O_3 \Longrightarrow 2NaI + Na_2S_4O_6$

⑨ 亚碲酸与氢碘酸反应生成四碘化碲

$$H_2TeO_3 + 4HI \Longrightarrow TeI_4 \downarrow + 3H_2O$$

⑩ 碲化铝与水反应有碲化氢形成， 当碲化氢加热至 500℃ 时， 即有碲生成：

a.　　$Al_2Te_3 + 6H_2O \Longrightarrow 3H_2Te + 2Al(OH)_3$

b.　　$H_2Te \xrightarrow{\triangle} Te + H_2 \uparrow$

⑪ 碲与氯化硫反应有四氯化碲的白色针状结晶生成：

$$Te + 2S_2Cl_2 \Longrightarrow TeCl_4 + 4S$$

⑫ 四氯化碲溶液与氯化钾反应生成氯碲酸钾黄色结晶：

$$2TeCl_4 + 2KCl \Longrightarrow 2KTeCl_5 \downarrow$$

⑬ 亚碲酸与连二亚硫钠反应有碲还原析出：

$$H_2TeO_3 + Na_2S_2O_4 \Longrightarrow Te + Na_2SO_4 + SO_2 + H_2O$$

⑭ 硝酸银与碲共加热有碲化银形成：

$$4AgNO_3 + 3Te = 2Ag_2Te + Te(NO_3)_4$$

⑮ 二氧化碲与碳酸钠在铂坩埚中共熔融时有亚碲酸钠生成：

$$TeO_2 + Na_2CO_3 = Na_2TeO_3 + CO_2\uparrow$$

⑯ 二氧化碲溶解于氢氧化钠溶液有亚碲酸钠生成：

$$TeO_2 + 2NaOH = Na_2TeO_3 + H_2O$$

⑰ 亚碲酸与高锰酸钾在碱性溶液中反应有碲酸生成：

$$3H_2TeO_3 + 2KMnO_4 + 2KOH =$$
$$3H_2TeO_4 + 2K_2MnO_3 + H_2O$$

⑱ 二氧化碲与高锰酸钾的碱性溶液反应生成碲酸钾：

$$4KOH + 2KMnO_4 + 3TeO_2 = 3K_2TeO_4 + 2MnO_2 + 2H_2O$$

⑲ 二氧化碲与重铬酸钾在硫酸溶液反应生成碲酸：

$$3TeO_2 + K_2Cr_2O_7 + 4H_2SO_4 =$$
$$3H_2TeO_4 + K_2SO_4 + Cr_2(SO_4)_3 + H_2O$$

⑳ 二氧化碲在硫酸溶液中与高锰酸钾反应生成碲酸：

$$5TeO_2 + 2KMnO_4 + 3H_2SO_4 + 2H_2O =$$
$$5H_2TeO_4 + 2MnSO_4 + K_2SO_4$$

㉑ 碲与硝酸反应生成二氧化碲：

$$3Te + 4HNO_3 = 3TeO_2 + 2H_2O + 4NO$$

㉒ 二氧化碲与盐酸反应生成四氯化碲：

$$TeO_2 + 4HCl =\!\!= TeCl_4 + 2H_2O$$

㉓二氧化碲与氯化亚锡盐酸溶液反应有碲析出：

$$TeO_2 + 2SnCl_2 + 4HCl =\!\!= Te + 2SnCl_4 + 2H_2O$$

51. 钛　Ti

钛主要的矿石是钛磁铁矿（$FeTiO_3 \cdot nFe_3O_4$）、钛铁矿（Fe-TiO_3）、金红石（TiO_2）、榍石（$CaTiSiO_5$）。

钛的氧化物有：Ti_2O_2、Ti_2O_3、TiO_2、TiO_3。

① 金属钛溶解于热的盐酸生成紫色的三氯化钛溶液，其反应式：

$$2Ti + 6HCl =\!\!= 2TiCl_3 + 3H_2 \uparrow$$

钛溶解于王水的反应式：

$$Ti + 2HNO_3 + 6HCl =\!\!= TiCl_4 + 2NOCl + 4H_2O$$

生成四氯化钛和氯化亚硝酰。

二氧化钛是白色难溶的物质，不溶于水及稀酸中，可与焦硫酸钾熔融生成硫酸钛而溶于水中，反应式：

$$TiO_2 + 2K_2S_2O_7 =\!\!= Ti(SO_4)_2 + 2K_2SO_4$$

② 过氧化氢与钛化合物在酸性溶液中（1.5～3.5mol/L）反应生成黄色的过钛酸络合物，其反应式：

$$Ti(SO_4)_2 + H_2O_2 =\!\!= H_2[TiO_2(SO_4)_2]$$

$$Ti(SO_4)_2 + H_2O_2 + 3H_2O =\!=\!= H_4TiO_5 + 2H_2SO_4$$

$$TiOSO_4 + H_2O_2 + H_2SO_4 =\!=\!= H_2[TiO_2(SO_4)_2] + H_2O$$

③ 二氧化钛与硫酸反应式：

$$TiO_2 + 2H_2SO_4 =\!=\!= Ti(SO_4)_2 + 2H_2O$$

④ 四溴化钛与浓酸反应：

$$TiBr_4 + 2H_2SO_4 =\!=\!= Ti(SO_4)_2 + 4HBr$$

$$TiBr_4 + 3H_2SO_4 =\!=\!= Ti(SO_4)_2 + 2HBr + 2H_2O + Br_2 + SO_2$$

$$2TiBr_4 + 4HNO_3 =\!=\!= 4NO\uparrow + 4Br_2 + 2H_2TiO_3 + O_2\uparrow$$

⑤ 氮化钛与浓硝酸反应生成二氧化钛：

$$TiN + 2HNO_3 =\!=\!= TiO_2 + H_2O + 3NO\uparrow$$

⑥ 偏钛酸与硫酸加热生成碱式硫酸钛沉淀：

$$H_2TiO_3 + H_2SO_4 =\!=\!= TiOSO_4\downarrow + 2H_2O$$

⑦ 四溴化钛与碱作用有氢氧化钛沉淀生成：

$$TiBr_4 + 4NH_4OH =\!=\!= Ti(OH)_4\downarrow + 4NH_4Br$$

$$TiBr_4 + 4NaOH =\!=\!= Ti(OH)_4\downarrow + 4NaBr$$

⑧ 二氧化钛与碳酸钾熔融的反应式：

$$K_2CO_3 + 2TiO_2 =\!=\!= K_2Ti_2O_5 + CO_2\uparrow$$

⑨ 过氧化钛与磷酸作用生成黄色的沉淀：

$$TiO_3 + H_3PO_4 =\!=\!= H_3PTiO_7\downarrow$$

52. 钍 Th

① 醋酸钍高温下分解成二氧化钍：

$$(CH_3COO)_4Th + 8O_2 \xrightarrow{\text{高温}} ThO_2 + 6H_2O + 8CO_2 \uparrow$$

② 硫酸钍高温下分解成二氧化钍：

$$Th(SO_4)_2 \xrightarrow{\text{高温}} ThO_2 + 2SO_3 \uparrow$$

③ 氢氧化钍加高温分解成二氧化钍白色粉末：

$$Th(OH)_4 \xrightarrow{\text{高温}} ThO_2 + 2H_2O$$

④ 草酸钍加热分解成二氧化钍：

$$Th(C_2O_4)_2 \xrightarrow{\triangle} ThO_2 + 2CO_2 \uparrow + 2CO \uparrow$$

⑤ 硝酸钍与水反应有氢氧化钍析出：

$$Th(NO_3)_4 + 4H_2O == Th(OH)_4 \downarrow + 4HNO_3$$

⑥ 四氯化钍溶液与硫代硫酸钠反应生成絮状的淡黄色硫代硫酸钍析出：

$$ThCl_4 + 2Na_2S_2O_3 == Th(S_2O_3)_2 \downarrow + 4NaCl$$

⑦ 硝酸钍与氢氧化钠反应有白色胶体氢氧化钍析出：

$$Th(NO_3)_4 + 4NaOH == Th(OH)_4 \downarrow + 4NaNO_3$$

⑧ 硫酸钍与氢氧化铵反应有氢氧化钍生成：

$$Th(SO_4)_2 + 4NH_4OH == Th(OH)_4 \downarrow + 2(NH_4)_2SO_4$$

⑨ 草酸与四氯化钍反应有白色草酸钍析出：

$$ThCl_4 + 2H_2C_2O_4 + 2H_2O \!=\!=\!= Th(C_2O_4)_2 \cdot (H_2O)_2 \downarrow + 4HCl$$

⑩ 氢氧化钍与氟硅酸反应有针状氟硅酸钍析出：

$$Th(OH)_4 + 2H_2SiF_6 \!=\!=\!= Th(SiF_6)_2 \downarrow + 4H_2O$$

⑪ 硝酸钍与氟硅酸反应有水合氟硅酸钍析出：

$$Th(NO_3)_4 + 2H_2SiF_6 + nH_2O \!=\!=\!= Th(SiF_6)_2 \cdot nH_2O \downarrow + 4HNO_3$$

⑫ 氢氧化钍与氢氟酸反应有胶体四氟化钍析出：

$$Th(OH)_4 + 4HF \!=\!=\!= ThF_4 \downarrow + 4H_2O$$

⑬ 硝酸钍与氟化钾反应有氟化钍钾析出：

$$Th(NO_3)_4 + 6KF \!=\!=\!= K_2ThF_6 \downarrow + 4KNO_3$$

⑭ 钍与硫酸反应有硫酸钍生成：

$$Th + 2H_2SO_4 \!=\!=\!= 2H_2 \uparrow + Th(SO_4)_2$$

⑮ 氢氧化钍与硝酸反应有硝酸钍生成：

$$Th(OH)_4 + 4HNO_3 \!=\!=\!= Th(NO_3)_4 + 4H_2O$$

⑯ 钍与硝酸反应有硝酸钍生成：

$$Th + 6HNO_3 \!=\!=\!= Th(NO_3)_4 + 3H_2O + NO \uparrow + NO_2 \uparrow$$

⑰ 硅酸钍与盐酸反应有四氯化钍生成：

$$ThSiO_4 + 4HCl = ThCl_4 + H_2SiO_4$$

⑱ 氢氧化钍与盐酸反应有四氯化钍生成：

$$Th(OH)_4 + 4HCl = ThCl_4 + 4H_2O$$

⑲ 钍粉与盐酸反应放出氢：

$$Th + 4HCl = ThCl_4 + 2H_2\uparrow$$

53. 钽 Ta

① 钽被加热至 300℃ 被氧化为五氧化二钽：

$$4Ta + 5O_2 = 2Ta_2O_5$$

② 五氧化二钽与过量的碳酸钠熔融反应生成钽酸钠：

$$Ta_2O_5 + Na_2CO_3 = 2NaTaO_3 + CO_2\uparrow$$

③ 五氧化二钽与氢氧化钾熔融后有六钽酸八钾生成：

$$3Ta_2O_5 + 8KOH = K_8Ta_6O_{19} + 4H_2O$$

④ 五氧化二钽与氢氟酸和氟化钾反应生成氟钽酸钾：

a. $$Ta_2O_5 + 10HF = 2TaF_5 + 5H_2O$$

b. $$TaF_5 + 2KF = K_2TaF_7$$

⑤ 三铝化钽与氢氟酸反应生成五氟化钽：

$$TaAl_3 + 14HF = TaF_5 + 3AlF_3 + 7H_2$$

⑥ 五氧化二钽与三氯化铝作用生成五氯化钽：

$$3Ta_2O_5 + 10AlCl_3 \rule[0.5ex]{3em}{0.4pt} 6TaCl_5 + 5Al_2O_3$$

⑦ 八氟钽酸三钠被氢氧化钠滴定反应有氢氧化钽生成：

$$Na_3TaF_8 + 5NaOH \rule[0.5ex]{3em}{0.4pt} Ta(OH)_5 + 8NaF$$

U

54. 铀 U

① 硝酸二氧化铀与碘化钾和碘酸钾反应生成氢氧化二氧铀：

$$3UO_2(NO_3)_2+5KI+KIO_3+3H_2O =\!=\!=$$
$$3UO_2(OH)_2+6KNO_3+3I_2$$

② 过氧化铀与甲醛反应有甲酸二氧铀生成：

$$UO_4+2HCHO =\!=\!= (HCOO)_2UO_2+H_2\uparrow$$

③ 三氧化铀与甲醛反应还原成二氧化铀：

$$UO_3+HCHO =\!=\!= UO_2+HCOOH$$

④ 金属铀可从许多金属盐中置换出金属来：

$$2CuSO_4+U =\!=\!= 2Cu+U(SO_4)_2$$

⑤ 二氧化铀与四氯化碳反应生成四氯化铀：

$$UO_2+CCl_4 =\!=\!= UCl_4+CO_2\uparrow$$

⑥ 硝酸二氧化铀与氯化钾混合熔融反应生成铀酸钾：

$$UO_2(NO_3)_2+2KCl =\!=\!= K_2UO_4+2NO_2\uparrow+Cl_2\uparrow$$

⑦ 氢氧化二氧铀与氢反应还原为二氧化铀：

$$UO_2(OH)_2 + H_2 \xrightarrow{\quad\quad} UO_2 + 2H_2O$$

⑧ 氯化二氧铀与氢反应还原为二氧化铀：

$$UO_2Cl_2 + H_2 \xrightarrow{\quad\quad} UO_2 + 2HCl$$

⑨ 八氧化三铀与氢还原成二氧化铀：

$$U_3O_8 + 2H_2 \xrightarrow{\quad\quad} 3UO_2 + 2H_2O$$

⑩ 二氧化铀加热即有绿色 U_3O_8 生成：

$$3UO_2 + O_2 \xrightarrow{\quad\quad} U_3O_8$$

⑪ 氧化钙与二氯化二氧铀反应生成三氧化铀和铀酸钙：

a. $\quad\quad\quad UO_2Cl_2 + CaO \xrightarrow{\quad\quad} CaCl_2 + UO_3$

b. $\quad\quad\quad UO_3 + CaO \xrightarrow{\quad\quad} CaUO_4$

⑫ 氢氧化铵与硝酸二氧化铀的水溶液反应生成铀酸铵的黄色结晶：

$$2UO_2(NO_3)_2 + 4NH_4OH \xrightarrow{\quad\quad}$$
$$2(NH_4)_2UO_4 \downarrow + 4NO_2 + O_2 \uparrow + 2H_2O$$

⑬ 硝酸二氧化铀溶液与氢氧化钠反应生成铀酸钠：

$$5UO_2(NO_3)_2 + 14NaOH \xrightarrow{\quad\quad} Na_4U_5O_{17} + 10NaNO_3 + 7H_2O$$

⑭ 铀与沸水形成二氧化铀和氢：

$$U + 2H_2O \xrightarrow{\quad\quad} UO_2 + 2H_2 \uparrow$$

⑮ 硫酸铀溶液在硫酸存在与高锰酸钾反应有硫酸二氧化铀形成：

常见元素化学反应式

$$5U(SO_4)_2 + 2KMnO_4 + 2H_2O =\!=$$
$$5UO_2SO_4 + 2MnSO_4 + 2KHSO_4 + H_2SO_4$$

⑯ 八氧化三铀与硫酸反应生成硫酸铀和硫酸二氧化铀：

$$U_3O_8 + 4H_2SO_4 =\!= U(SO_4)_2 + 2UO_2SO_4 + 4H_2O$$

⑰ 八氧化三铀与稀硫酸反应有硫酸铀生成：

$$U_3O_8 + 6H_2SO_4 =\!= 3U(SO_4)_2 + 6H_2O + O_2\uparrow$$

⑱ 八氧化三铀与氢氟酸反应生成绿色粉末：

$$U_3O_8 + 12HF =\!= 3UF_4\downarrow + 6H_2O + O_2\uparrow$$

⑲ 金属铀溶解于浓盐酸生成四氯化铀：

$$U + 4HCl =\!= UCl_4 + 2H_2\uparrow$$

⑳ 金属铀与硝酸反应生成硝酸二氧化铀和氢：

$$2HNO_3 + 2H_2O + U =\!= UO_2(NO_3)_2 + 3H_2\uparrow$$

V

55. 钒 V

钢铁中的钒以 V_4C_3、V_2C 存在。钒的碳化物是很稳定的化合物，用硫酸、盐酸处理几乎完全不溶解，只有硝酸、王水及氢氟酸处理才能溶解。

钒的主要氧化物是 V_2O_4 和 V_2O_5。

① 钒溶于王水的反应式：

$$3V+4HNO_3+6HCl \Longrightarrow 3VOCl_2+4NO+5H_2O$$

② 钒溶解于氢氟酸后生成三氟化钒：

$$2V+6HF \Longrightarrow 2VF_3+3H_2\uparrow$$

钒溶解于硝酸生成四硝酸钒：

$$V+8HNO_3 \Longrightarrow V(NO_3)_4+4H_2O+4NO_2\uparrow$$

③ 四价钒溶液通常是蓝色，四价钒受到强氧化剂高锰酸钾、重铬酸钾作用时，变为五价，其反应式：

$$10VOCl_2+6KMnO_4+9H_2SO_4 \Longrightarrow$$

$$10HVO_3+3K_2SO_4+6MnSO_4+10Cl_2+4H_2O$$

④ 五价钒很容易被还原，用二价铁也能将钒还原到四价，

其反应式：

$$2H_3VO_4 + 2FeSO_4 + 3H_2SO_4 ===$$

$$V_2O_2(SO_4)_2 + Fe_2(SO_4)_3 + 6H_2O$$

⑤ 用高锰酸钾滴定四价钒，其反应式：

$$5V_2O_2(SO_4)_2 + 2KMnO_4 + 22H_2O ===$$

$$10H_3VO_4 + K_2SO_4 + 2MnSO_4 + 7H_2SO_4$$

⑥ 钒试样用酸溶解的反应式：

$$2V + 2H_2SO_4 + 2H_2O === V_2O_2(SO_4)_2 + 4H_2 \uparrow$$

$$V_2C_4 + 12HNO_3 === 2VO(NO_3)_2 + 8NO + 4CO_2 + 6H_2O$$

⑦ 五氧化二钒与酸的反应式：

$$V_2O_5 + 5H_2SO_4 === V_2(SO_4)_5 + 5H_2O$$

$$V_2O_5 + 10HCl === 2VCl_4 + Cl_2 + 5H_2O$$

⑧ 偏钒酸在硫酸溶液中与汞剧烈振摇后，溶液即变为淡蓝色，而钒被还原为四价：

$$2HVO_3 + 2Hg + 3H_2SO_4 === 2VOSO_4 + Hg_2SO_4 + 4H_2O$$

⑨ 钒酸铁与硫酸钠的浓溶液共煮沸后，将溶液过滤，然后滤液与硫酸反应生成钒酸，其反应式：

$$2FeVO_4 + 3Na_2CO_3 === 2Na_3VO_4 + Fe_2O_3 + 3CO_2$$

$$2Na_3VO_4 + 3H_2SO_4 === 2H_3VO_4 + 3Na_2SO_4$$

⑩ 硫酸氧钒在硫酸溶液中与高锰酸钾作用有三硫酸氧钒形成，其反应式：

$$10VOSO_4 + 8H_2SO_4 + 2KMnO_4 =\!=\!=$$

$$5(VO)_2(SO_4)_3 + K_2SO_4 + 2MnSO_4 + 8H_2O$$

⑪ 二氧化钒与硫酸反应生成硫酸氧钒的反应式：

$$VO_2 \cdot H_2O + H_2SO_4 =\!=\!= VOSO_4 + 2H_2O$$

⑫ 三氯氧钒水解生成五氧化二钒及盐酸：

$$2VOCl_3 + 3H_2O =\!=\!= V_2O_5 + 6HCl$$

⑬ 钒酸钠与水分解生成焦钒酸钠和氢氧化钠：

$$2Na_3VO_4 + H_2O =\!=\!= Na_4V_2O_7 + 2NaOH$$

⑭ 碘量法测定钒时，将钒酸盐在盐酸介质中用过量的标准碘化钾溶液还原，而反应生成的碘用碘酸盐溶液滴定，其反应式：

$$2H_3VO_4 + 2HI + 4HCl =\!=\!= 2VOCl_2 + I_2 + 6H_2O$$

$$2I_2 + HIO_3 + 5HCl =\!=\!= 5ICl + 3H_2O$$

⑮ 钒在氧中加热时，有下列反应物形成：

$$2V + O_2 =\!=\!= 2VO$$

$$4V + 3O_2 =\!=\!= 2V_2O_3$$

$$2V_2O_3 + O_2 \!=\!=\!= 4VO_2$$

$$4VO_2 + O_2 \!=\!=\!= 2V_2O_5$$

⑯ **高锰钾与二氯氧钒反应：**

$$10VOCl_2 + 6KMnO_4 + 9H_2SO_4 \!=\!=\!=$$
$$10HVO_3 + 3K_2SO_4 + 6MnSO_4 + 10Cl_2 + 4H_2O$$

56. 钨 W

自然界主要的钨矿是钨锰铁矿（Fe、Mn）WO_4。WO_2 不稳定，而 WO_3 最稳定，是黄色的，不溶于稀酸中。

金属钨对各种酸都很稳定，对王水也如此，但它可溶于硝酸和氢氟酸的混合酸中。

钨在钢铁中以碳化物形式存在，有 WC、W_2C、W_3C、Fe_2C·WC、Fe_3C·3WC、FeW 等。

① FeW 用酸溶解的反应式：

$$FeW + 2HCl = FeCl_2 + W + H_2\uparrow$$

② 用硝酸氧化钨的反应式：

$$W + 2HNO_3 = H_2WO_4 + 2NO\uparrow$$

③ 用过量的磷酸与钨形成可溶的磷酸钨络合物，其反应式：

$$12W + 24HNO_3 + H_3PO_4 = H_3PO_4 \cdot 12WO_3 + 24NO + 12H_2O$$

④ 用标准氢氧化钠溶液将钨酸溶解，其反应式：

$$H_2WO_4 + 2NaOH = Na_2WO_4 + 2H_2O$$

⑤ 钨酸溶液与硝酸亚汞反应生成钨酸亚汞沉淀的反应式：

170

$$H_2WO_4 + 2HgNO_3 \xrightarrow{\quad} Hg_2WO_4 \downarrow + 2HNO_3$$

将沉淀焙烧后形成三氧化钨：

$$2HgWO_4 \xrightarrow{\triangle} 2WO_3 + 2Hg + O_2$$

⑥ 三氧化钨与氢氧化钠或碳酸钠反应生成钨酸钠的反应式：

$$WO_3 + 2NaOH \xrightarrow{\quad} Na_2WO_4 + H_2O$$

$$WO_3 + Na_2CO_3 \xrightarrow{\quad} Na_2WO_4 + CO_2 \uparrow$$

⑦ 钨酸钠与盐酸的反应式：

$$Na_2WO_4 + 2HCl + H_2O \xrightarrow{\quad} H_2WO_4 \cdot H_2O + 2NaCl$$

⑧ 钨酸钠与盐酸作用并蒸干则有三氧化钨形成：

$$Na_2WO_4 + 2HCl \xrightarrow{\quad} WO_3 + 2NaCl + H_2O$$

⑨ 黑钨矿与王水作用生成钨酸：

$$FeWO_4 + 3HCl + HNO_3 \xrightarrow{\quad} H_2WO_4 \cdot H_2O + FeCl_3 + NO_2 \uparrow$$

⑩ 黑钨矿与硝酸钠和碳酸钠共熔融时有钨酸钠形成，其反应式：

$$2FeWO_4 + 2Na_2CO_3 + NaNO_3 \xrightarrow{\quad}$$
$$2Na_2WO_4 + Fe_2O_3 + NaNO_2 + 2CO_2 \uparrow$$

Y

57. 钇　Y

① 硫酸钇加热时，分解成氧化钇和三氧化硫：

$$Y_2(SO_4)_3 \xrightarrow{\triangle} Y_2O_3 + 3SO_3$$

② 氢氧化钇加热分解成淡黄白色氧化钇颗粒：

$$2Y(OH)_3 \xrightarrow{\triangle} Y_2O_3 + 3H_2O$$

③ 草酸钇在空气加热时生成白色氧化钇的粉末：

$$2Y_2(C_2O_4)_3 + 3O_2 \xrightarrow{\triangle} 2Y_2O_3 + 12CO_2$$

④ 氢氧化钇易从空气中吸收二氧化碳形成碳酸钇：

$$2Y(OH)_3 + 3CO_2 \xrightarrow{\quad} Y_2(CO_3)_3 \cdot 3H_2O$$

⑤ 氧化钇与氯化铵在 200℃ 时发生剧烈的反应：

$$Y_2O_3 + 6NH_4Cl \xrightarrow{\quad} 2YCl_3 + 6NH_3 + 3H_2O$$

⑥ 氯化钇溶液中加入过量的碳酸钠即有白色沉淀生成：

$$2YCl_3 + 3Na_2CO_3 \xrightarrow{\quad} Y_2(CO_3)_3 \downarrow + 6NaCl$$

$$Y_2(CO_3)_3 + Na_2 \cdot CO_3 \xrightarrow{\quad} Na_2CO_3 \cdot Y_2(CO_3)_3 \downarrow$$

⑦ 钇盐溶液中加入氢氧铵溶液生成氢氧化钇沉淀，当氢氧化钇被灼烧时即生成氧化钇：

$$YCl_3 + 3NH_4OH \Longrightarrow Y(OH)_3 \downarrow + 3NH_4Cl$$

$$Y_2(SO_4)_3 + 6NH_4OH \longrightarrow 2Y(OH)_3 \downarrow + 3(NH_4)_2SO_4$$

$$2Y(OH)_3 \overset{\triangle}{=\!=\!=} Y_2O_3 + 3H_2O$$

⑧ 溴酸钇溶液加入过量的氢氧钠溶液煮沸时生成氢氧化钇：

$$Y(BrO_3)_3 + 3NaOH \Longrightarrow Y(OH)_3 \downarrow + 3NaBrO_3$$

⑨ 氢氧化钇溶解于硒酸并形成硒酸钇：

$$2Y(OH)_3 + 3H_2SeO_4 \Longrightarrow Y_2(SeO_4)_3 + 6H_2O$$

⑩ 草酸铵也能与氯化钇、硝酸钇生成草酸钇析出：

$$3(NH_4)_2C_2O_4 + 2YCl_3 \Longrightarrow Y_2(C_2O_4)_3 \downarrow + 6NH_4Cl$$

$$2Y(NO_3)_3 + 3(NH_4)_2C_2O_4 \Longrightarrow Y_2(C_2O_4)_3 \downarrow + 6NH_4NO_3$$

⑪ 硝酸钇的稀溶液中加入过量的碘酸加热生成白色碘酸钇析出，在水中放置时，转变为含有三分子的水合物：

$$Y(NO_3)_3 + 3HIO_3 \Longrightarrow Y(IO_3)_3 \downarrow + 3HNO_3$$

$$Y(IO_3)_3 + 3H_2O \Longrightarrow Y(IO_3)_3 \cdot 3H_2O$$

⑫ 钇的化合物与氢氟酸反应生成氟化钇的沉淀，但不溶于过量的氢氟酸中

$$YCl_3 + 3HF \Longrightarrow YF_3 + 3HCl$$

⑬ 硝酸钇溶液中加入过量的氢氟酸生成胶状半透明的氟化钇沉淀， 在水浴上加热时转变为白色无定形粉末

$$Y(NO_3)_3 + 3HF \!=\!\!=\!\!= YF_3 \downarrow + 3HNO_3$$

⑭ 氧化钇加入氟化氢在加热状态时生成氟化钇：

$$Y_2O_3 + 6HF \!=\!\!=\!\!= 2YF_3 + 3H_2O$$

⑮ 三氧化二钇与硫酸氢钾熔融生成硫酸钇：

$$Y_2O_3 + 3KHSO_4 \!=\!\!=\!\!= Y_2(SO_4)_3 + 3KOH$$

⑯ 氧化钇、 氢氧化钇都易溶于硫酸生成硫酸钇：

$$Y_2O_3 + 3H_2SO_4 \!=\!\!=\!\!= Y_2(SO_4)_3 + 3H_2O$$

$$2Y(OH)_3 + 3H_2SO_4 \!=\!\!=\!\!= Y_2(SO_4)_3 + 6H_2O$$

⑰ 草酸钇、 氧化钇、 氢氧化钇都易溶于盐酸：

$$Y_2(C_2O_4)_3 + 6HCl \!=\!\!=\!\!= 2YCl_3 + 3H_2C_2O_4$$

$$Y_2O_3 + 6HCl \!=\!\!=\!\!= 2YCl_3 + 3H_2O$$

$$Y(OH)_3 + 3HCl \!=\!\!=\!\!= YCl_3 + 3H_2O$$

⑱ 甲酸钇溶解于硝酸 （ 铒、 钬、 镱和铥有相同的反应 ）：

$$Y(HCOO)_3 + 3HNO_3 \!=\!\!=\!\!= Y(NO_3)_3 + 3H_2CO_2$$

⑲ 钇 （ 铒、 钬、 铽、 铥、 镱 ） 的氧化物溶解于硝酸生成硝酸盐：

$$Y_2O_3 + 6HNO_3 \!=\!\!=\!\!= 2Y(NO_3)_3 + 3H_2O$$

Z

58. 锆 Zr

锆的主要矿石是锆英石；锆只形成一种氧化物 ZrO_2 金属锆几乎不与各种酸反应，仅易溶解于王水和氢氟酸中。

① **锆盐与水分解成二氯氧锆的反应式：**

$$ZrCl_4 + H_2O \rel ZrOCl_2 + 2HCl$$

四氟化锆与水在高温下可分解成二氧化锆：

$$ZrF_4 + 2H_2O \rel ZrO_2 + 4HF$$

② **氢氟酸易与锆反应生成四氟化锆：**

$$Zr + 4HF \rel ZrF_4 + 2H_2 \uparrow$$

锆矿石与氢氟酸反应：

$$ZrSiO_4 + 8HF \rel ZrF_4 + 4H_2O + SiF_4$$

③ **锆矿石与氟化钠熔融可分解成四氟化锆：**

$$ZrSiO_4 + 8NaF \rel ZrF_4 + SiF_4 + 4Na_2O$$

锆与氢氧化钾反应生成锆酸钾的反应式：

$$Zr + 4KOH \rel K_4ZrO_4 + 2H_2 \uparrow$$

④ 锆盐与氢氧化铵及氢氧化钠反应生成氢氧化锆沉淀的反应式：

$$Zr(SO_4)_2 + 4NH_4OH = Zr(OH)_4 + 2(NH_4)_2SO_4$$

$$Zr(NO_3)_4 + 4NaOH = Zr(OH)_4 \downarrow + 4NaNO_3$$

⑤ 锆石 $ZrSiO_4$ 与碳酸钠熔融生成二氧化锆的反应式：

$$ZrSiO_4 + Na_2CO_3 = ZrO_2 + Na_2SiO_3 + CO_2$$

氧化锆溶解于硫酸生成白色无水硫酸锆及四水硫酸锆的反应式：

$$ZrO_2 + 2H_2SO_4 = Zr(SO_4)_2 + 2H_2O$$

$$ZrO_2 + 2H_2SO_4 + 2H_2O = Zr(SO_4)_2 \cdot 4H_2O$$

⑥ 氧化锆溶解于氢氟酸生成三水四氟化锆：

$$ZrO_2 + 4HF + H_2O = ZrF_4 \cdot 3H_2O$$

氢氧化锆与草酸溶液反应生成二水草酸氧锆：

$$Zr(OH)_4 + H_2C_2O_4 = ZrOC_2O_4 \cdot 2H_2O \downarrow + H_2O$$

当氢氧化锆溶解于过量的草酸，生成酸式草酸锆：

$$Zr(OH)_4 + 3H_2C_2O_4 = Zr(C_2O_4)_2 \cdot H_2C_2O_4 + 4H_2O$$

⑦ 锆从铁溶液中分离出来与硫代硫酸钠反应生成氢氧化锆的反应式：

$$ZrCl_4 + 2Na_2S_2O_3 + 2H_2O = Zr(OH)_4 + 2S + 4NaCl + 2SO_2$$

⑧ 氢氧化锆溶解于盐酸中反应生成四氯化锆和氯化氧锆的反应式：

$$Zr(OH)_4 + 4HCl = ZrCl_4 + 4H_2O$$

$$Zr(OH)_4 + 2HCl = ZrOCl_2 + 3H_2O$$

59. 锌 Zn

① 锌主要的天然化合物是闪锌矿（ ZnS ）、 菱锌矿 （ ZnCO$_3$ ）， 锌几乎能溶解在所有酸中:

$$Zn + 2HCl = ZnCl_2 + H_2 \uparrow$$

$$Zn + H_2SO_4 = ZnSO_4 + H_2 \uparrow$$

② 锌能溶解于氢氧化钠（ 钾 ） 中， 并放出氢而形成锌酸盐的反应式:

$$Zn + 2NaOH = Na_2ZnO_2 + H_2 \uparrow$$

③ 锌盐溶液与氢氧化物反应生成白色胶状氢氧化锌沉淀:

$$ZnSO_4 + 2NaOH = Zn(OH)_2 \downarrow + Na_2SO_4$$

④ 锌盐溶液与氢氧化铵生成白色胶状沉淀， 但有过量的氢氧化铵又会溶解生成锌铵络离子:

$$Zn^{2+} + 2OH^- = Zn(OH)_2 \downarrow$$

$$Zn(OH)_2 + 4NH_3 = Zn(NH_3)_4^{2+} + 2OH^-$$

⑤ 锌盐与碳酸钠反应生成碳酸锌， 灼烧得氧化锌:

$$ZnCl_2 + Na_2CO_3 = ZnCO_3 \downarrow + 2NaCl$$

$$ZnCO_3 \xrightarrow{\triangle} ZnO + CO_2 \uparrow$$

⑥ 锌盐与氰化钾生成白色氰化锌沉淀，此沉淀又溶解于过量的沉淀剂中：

$$Zn^{2+}+2CN^-\!=\!\!=\!\!=\!Zn(CN)_2\downarrow$$

$$Zn(CN)_2+2CN^-\!=\!\!=\!\!=\!Zn(CN)_4^{2-}$$

参 考 文 献

[1] 机部材料研究所编，材料化学分析法 . 1965.

[2] 陈寿椿 . 重要无机化学反应，第二版 . 上海：上海科学技术出版社，1982 年 .

[3] 格琳卡著 . 普通化学 . 1952.

[4] 阿列克谢耶夫著 . 半微量定性分析 . 1953.

[5] 成文，慧敏，等编 . 合金钢化学分析 . 北京：冶金工业出版社，1973.

[6] 钛的冶金分析 . 冶金工业部科技情报及产品标准研究所编 . 北京：冶金工业出版社，1977.

[7] 锆和铪的冶金分析 . 冶金工业部科技情报产品标准研究所编 . 北京：冶金工业出版社，1972.

[8] 锂和铍的冶金分析 . 冶金工业部科技情报产品标准研究所编 . 北京：冶金工业出版社，1972.

[9] 难熔化合物分析 . 黄静华等译 . 上海：上海科学技术出版社，1965.

[10] 有色金属与稀有金属技术分析 . 冶金工业部有色金属研究院 . 北京：冶金工业出版社，1959.

[11] 金属的化学分析 . 北京：国防工业出版社，1973.

[12] 有色金属矿品定量分析 . 冶金工业部广东有色金属矿务局编 . 北京：冶金工业出版社，1958.

[13] 矿石与金属工业分析 . 国家物资局东北分局译 . 北京：高等教育出版社，1956.

[14] 邱德仁 . 工业分析化学 . 上海：复旦大学出版社，2003.

[15] 冶保献等 . 分析化学实验 . 郑州：河南科技出版社，1998.

[16] 林树昌等 . 分析化学 . 化学分析部分 . 北京：北京师范大学出版社，2003.

[17] 夏玉宇 . 化学实验室手册 . 北京：化学工业出版社，2005.

[18] 罗庞尧等 . 分光光度分析 . 北京：科学出版社，1992.

[19] 肖新亮等 . 实用分析化学 . 天津：天津大学出版社，2003.

[20] 于世林等 . 分析化学 . 北京：化学工业出版社，2006.

[21] 刘世纯等 . 分析化验工 . 北京：化学工业出版社，2006.

[22] 黄石等 . 定量化学分析 . 北京：化学工业出版社，2004.

[23] 彭崇慧等 . 定量化学分析简明教程 . 北京：北京大学出版社，1997.

[24] 王国惠 . 水分析化学 . 北京：化学工业出版社，2006.

[25] 陈必有等. 工厂化析化验手册. 北京：化学工业出版社，2002.

[26] 胡伟光等. 定量化学分析实验. 北京：化学工业出版社，2004.

[27] 苑广武. 实用化学分析. 北京：石油工业出版社，1993.

[28] 张铁垣等. 化验工作实用手册. 北京：化学工业出版社，2002.